中国科学家爸爸思维训练丛书

给孩子的
数学解题
思维课

阳爸 著

中国妇女出版社

图书在版编目（CIP）数据

给孩子的数学解题思维课 / 旸爸著．－－ 北京：中国妇女出版社，2021.7（2024.6重印）

（中国科学家爸爸思维训练丛书）

ISBN 978-7-5127-1997-2

Ⅰ．①给…　Ⅱ．①旸…　Ⅲ．①数学－少儿读物　Ⅳ．①O1-49

中国版本图书馆CIP数据核字（2021）第100713号

给孩子的数学解题思维课

作　　者：旸 爸 著
策划编辑：肖玲玲
责任编辑：肖玲玲
封面设计：尚世视觉
责任印制：王卫东
出版发行：中国妇女出版社
地　　址：北京市东城区史家胡同甲24号　　　邮政编码：100010
电　　话：（010）65133160（发行部）　　65133161（邮购）
网　　址：www.womenbooks.cn
法律顾问：北京市道可特律师事务所
经　　销：各地新华书店
印　　刷：北京中科印刷有限公司
开　　本：165×235　1/16
印　　张：16.5
字　　数：190千字
版　　次：2021年7月第1版
印　　次：2024年6月第7次
书　　号：ISBN 978-7-5127-1997-2
定　　价：69.80元

谨以此书献给我的父亲。

本书作者曾写过一本深受学生与家长欢迎的书《给孩子的数学思维课》。

这本《给孩子的数学解题思维课》是上一本书的"弟弟"或"妹妹"，它们都是讲思维的。

数学是思维的科学，数学的作用就是培养、提高人的思维能力。

有些教师喜欢一黑板一黑板地写知识要点，介绍一些"口诀"与解题模式，还要学生认真地记下来。这种学习方式，对于注重记忆的文科学习或许有用，但对于数学学习弊多利少。

作者正确地指出："从小习惯于模仿，会让我们最终失去原创精神。"

数学学习应当重视理解、领会，应当积极、主动地思考，发挥自己的创造性。

在《西游记》中，唐僧有三个徒弟，法名有一个共同的字——悟。

我认为，这本《给孩子的数学解题思维课》也是谈"悟"的，书中有很多讨论、论述、探究，请读者细细阅读，我就不必饶舌了。

中国国家数学奥林匹克代表队原主教练、领队

南京师范大学教授

2021 年 6 月

厚积薄发、稳步加速才是理想的数学学习模式

自从我业余时间开了公众号"旸爸说数学与计算思维"（xuanbamath）后，不少人希望我聊聊自己的数学学习和升学经历。

我曾获得过全国初中、高中数学联赛一等奖，江苏赛区第一名，高考时数学满分。我的整个求学过程经历了三次重要的升学考试，其中两次本可以免试，但最终由于某些原因我放弃了免试机会。

在获得全国高中数学联赛一等奖并代表江苏队参加中国数学奥林匹克竞赛（CMO）之后，我收到了不少高校免试录取通知书。高中母校鼓励我再冲击一下高考状元，于是，我又踏上了高考的征途。

当年是在高考前填志愿，我的第一志愿是清华大学。不过南京大学招生办的老师来学校找到我，跟我说南大的学术很牛，连续多年《科学引文索引》（SCI）论文雄踞全国第一（后来证实确实如此），而且还对我口头承诺不管考多少分，专业任我选。听了这些后我就把清华大学改成了第三志愿。

最后的成绩还不错，除了因为竞赛成绩可以加 20 分，我的高考裸分也超过清华录取分数线 17 分。

2001 年，"9·11" 事件打碎了很多大学同学的出国梦。我拿到了南大计算机系的保研名额。不过读完本科后，我因为对北京有了新的认识，于是再次放弃免试资格，毅然踏上考研路。这一次，我选择了中国科学的最高殿堂——中国科学院。

一路走来，我并没有觉得学习苦不堪言，原因有两点：一是掌握了正确的学习方法；二是所有的学习和拼搏都不是"被安排"的。

小时候，我没有奥数启蒙老师，奥数都是靠自学的。如果非要问有没有什么秘诀，我总结了一下，压箱底的解题秘诀就一条：把"题型没见过"当成一种常态，从简单开始，从特殊开始，从错误开始，从简单到复杂，从特殊到一般，从错误到正确。

如果非要用"高大上"的语言来表达，那就是归纳推理和类比推理。演绎推理是我后来才慢慢习得的一种能力。

这几年，我在跟一些家长和孩子聊天时，发现了两个不好的现象。

现象一：有家长反映，孩子只乐于做见过的题型，一旦碰到没见过的题型，就不愿意多想，本能地产生一种畏惧。而题型见得多的那些孩子，做起题来就飞快。看到人家的孩子做题很熟练，有些家长不免心虚：自己的孩子是不是没有数学天赋？

现象二：一个曾在机构学数学的孩子跟我说，虽然例题听得懵懵懂懂，但不妨碍他依葫芦画瓢把老师布置的作业做出来。

儿子昭昭在五升六的那个暑假也出现过类似的问题。当时，我觉得他这个年龄应该可以自学了，于是买了本《举一反三》给他自己做。

可是，未曾料到的事发生了。有一次检查他做的题时，我发现他列式和答案对了，却讲不出所以然。追问之下，他说例题给了模式，按照模式套，就把题解出来了。再问他例题有没有看明白，他说其实没理解。

没看懂、没听懂也会做题不好吗？这是真正让我忧虑的地方。我并非说书的例题一定没讲明白，而是所谓的举一反三只是一种假象。许多知识点和模式只是为了解决量身定做的问题而提出。

比如小学奥数的几何里有很多模型，如鸟头模型、共角模型、蝴蝶模型等。这些模型可以用于解决一些定制的问题，但这些模型本身的证明，孩子并未掌握。而恰恰是这些模型背后的原理，才是精髓所在。

这种依葫芦画瓢学习的一大问题是很多人不去探究模型适用的前提，看到类似的问题就直接套，最后常常是张冠李戴。

从小习惯于模仿，会让我们最终失去原创精神！

从那以后，我就让孩子换了一种方式做《举一反三》：不看例题，直接开始。

某一天，一个朋友在文章里展示了 20 世纪 90 年代流行的一本奥数习题集，我倍感亲切，不禁勾起了对二三十年前的回忆。那个年代的奥数正如最初田园时代的宇宙，无限美好。

朋友晒的那本奥数习题集——《华罗庚数学学校试题解析》，是我小学临近结束时才接触到的唯一一本奥数书。

我小时候读的是正儿八经的村小，整个幼儿园和小学的时光，基本都是在泥地里摸爬滚打度过的。平时，我们除了完成学校布置的家庭作业，就是劳动和疯玩。那会儿的寒暑假是真正意义上的假期。除了学校发的一本薄薄的寒暑假作业之外，我们没有任何附加的学习任务。

这样的生活一直持续到六年级下半学期。学校突然得到通知，县里最好的中学——前黄高级中学要特招一个班的学生。

由于我平时在校内学习成绩不错，老师极力动员我去参加选拔考试。但是仅靠村小课内教的那点儿课本知识，想通过入学考试无异于痴人说梦。当时的武进县是人口大县，共150多万人。全县共60多个乡，每个乡都有8～10所小学，而招生名额只有50个，竞争相当激烈。

不过，我当时压根儿就没想难度这事，只是思量着得找点儿题来练练手，于是骑车到几公里之外的乡镇书店里找到了这本《华罗庚数学学校试题解析》。我当时虽然没听说过高斯、欧拉和牛顿，但知道华罗庚，因为他是我们常州人的骄傲，来自常州另一个县——金坛。

书买到了，可问题也随之而来。稍微翻了一下这本书，我就傻眼了。整本书的题目我几乎都不会做！

不会做？可以对着解答来学嘛！但这就是一本习题册，没有例题，很多选择题、填空题的解答都只有一个简单的选项或答数。即便是大题，解答过程也非常简略，对于当时的我而言这简直是本天书。

首先要解决的问题是有一个安静的学习环境。本来我每天晚上和父母一起看会儿电视就早早睡了，自买回书后，为了晚上能有个安静的空间看书，我让父亲在楼上支了张竹床。这样每天晚饭后我可以一个人钻研三四个小时习题册。

一开始做这种题时，速度真的跟蜗牛无异。有时一个晚上我只能琢磨三四道题。不会做，我只能慢慢去尝试，从简单到复杂、从小规模到大规模、从特殊到一般。慢慢地，随着能力增强，信心也逐渐增强了。

三个月后，虽然有些问题仍没搞明白，但我差不多把那本习题册做了一大半。

现在想来，这三个月的经历对我后续的数学学习乃至工作方式产生了深远影响。没有葫芦就画瓢的奥数启蒙，好比一个人不会游泳就被直接扔进湖里，没有救生员，没有游泳圈，唯有求生的本能迫使自己不断挣扎着冒出水面扑腾。最后当这个人学会游泳时，他没有优美的泳姿，但摸索出来的经验非常实用。

如果不会，那就从简单开始、从特殊开始、从错误开始，这是解决未知问题最行之有效的方法。

由于做的题没有任何例题可循，因此不会陷入套路。这种纯粹靠尝试和在错误中总结纠正的做法，实实在在地提升了我解决未知问题的能力。同时，我因为习惯了解决没有见过的题型，所以在碰到没见过的题型时不会慌，这也算是意外的收获。

不过我发现，如今很多在机构上培训课的孩子完全没有这个意识。很多数学课都是先讲一个例题，然后让孩子做几个同类型的题。孩子会做了，就算掌握了。但孩子做题时其实已经先入为主地用了例题的思路。

我碰到的孩子中，有一个例外。他没有上过任何培训班，他的父亲是程序员出身，给孩子强调较多的就是：如果不会，就从简单的开始探索。这与我的观点不谋而合。我发现，引导这个孩子学数学特别顺利。

在二十多年前那场小升初入学考试中，我见到了许多从前没见过的题型。但对我而言，题型没见过已是常态，在考场上我可以用过去三个月里训练出来的能力去攻克它。我清晰地记得，等差数列求和的问题我之前没见过，但我硬是依靠尝试和总结，在考场上解决了这类问题。在那场入学选拔考试中，我最终考了全县第一名。

当然，没有葫芦强行画瓢也有坏处，那就是知识体系不够全面，碰到问题时会做得比较慢。

2020年7月23日，长征五号遥四运载火箭从海南文昌航天发射中心一飞冲天，带着"天问一号"开启前往火星的征途。

电视画面上，火箭发射时的速度看上去很慢，就像乌龟在爬行。火箭是从零开始逐渐加速的，所以刚刚从发射架上飞起来的时候速度是比较慢的，但是不要忘了，火箭一直在向后高速喷射着气体，从而获得巨大推力，产生一个向前的加速度。

理想的数学学习，也应该像火箭升空的过程一样，开始是缓慢的，厚积薄发，稳步加速，最终冲破重重阻力，一飞冲天，迈向未知的世界。

昍爸

2020年11月

目 录
CONTENTS

绪 论

基础篇

┃提升篇┃

▍综合案例篇 ▍

绪 论

MATH

中小学数学学什么和怎么学

学好数学有方法

我小时候学数学，很少有人教套路。不少人问我数学学习有没有什么经验，我总结了几点，也许对大家有用。

重视基本概念

学好数学，搞清楚基本概念非常重要。基本概念不仅在数学学习中重要，在整个科学领域一样重要。

南京大学计算机系泰斗级人物徐家福先生就非常强调基本概念。他每次给学生做讲座，都要强调说："基本概念、基本概念、基本概念！"

欧几里得的平面几何奠定了西方公理化方法的基础。公理化方法是"从某些基本概念和基本命题出发，根据特定的演绎规则，推导一系列的定理，从而构成一个演绎系统"的方法。欧氏几何的数学大厦就是由基本概念（包括基本元素、基本关系）、公理、公设、演绎规则和定理构成。其中，基本概念居于重要的位置。

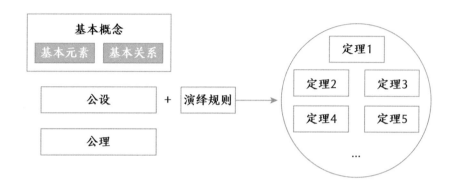

很多数学问题其实最终考查的是对基本概念的理解程度，但很多人还没搞清楚基本概念和定义时就去追求公式记忆和快速解题，这就有点儿本末倒置了。

比如提到圆，很多人都会立刻想到圆的周长和面积公式，但往往忽略了一个最重要的性质，就是圆上的任何一点到圆心的距离都相等。

比如高中时学的椭圆和双曲线，很多人都侧重于去记椭圆和双曲线的代数方程。但除了方程，这些曲线还有它们的几何意义。许多时候，这些几何含义可以成为解决问题的利器。

重视结论背后的原理

在数学学习中，我很少刻意去背公式和记结论，因为很难记住自己不理解的结论，即便一时记住，也容易忘记或记错。

比如小学低年级的植树问题、乘法分配律，我肯定会通过数形结合的方法去加深理解。

　　我记得某个培训机构为了让孩子记住乘法分配律，用了个警察抓小偷的故事来辅助记忆。但如果用下面数形结合的方式来辅助理解乘法分配律，是不是想忘记都难？

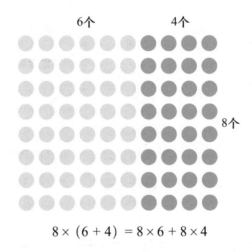

$$8 \times (6 + 4) = 8 \times 6 + 8 \times 4$$

　　现在很多机构都大力宣传各种速算技巧，这些其实完全没有必要刻意去学。每一种速算都有它的适用范围，一不小心就容易搞混、记错。数的位值表示、交换律、结合律、分配律、因数分解等，才是各类速算技巧背后的核心原理。

　　类似于"用1、2、3、4、5这五个数字组成一个三位数和一个两位数，使得两个数乘积最大"的问题，我更不会去记给自己的思想戴上枷锁的所谓"U型图解法"。

　　除了上面的简单例子，还有等差数列求和、等比数列求和以及大部分三角公式，我也不会刻意去记公式，而是重视这些公式的推导过程。这样习得的知识，才能记得牢、用得活。

有一股钻劲儿

这一点可能是不少孩子在学数学的过程中所欠缺的。特别是现在很多培训讲究学套路，不重视探索的过程，最后纯粹变成了比谁见过的套路多。孩子一旦碰到没有见过的问题，就容易产生畏难情绪从而放弃。

学好数学必须有一股挑战难题的韧劲儿。如果不经常花一两个小时或更长时间去啃一道难题、消化难题，那数学是很难学好的。即便一段时间考了高分，那也不值得沾沾自喜，这种高分往往是昙花一现。

欧几里得曾说过"几何无王者之道"，这一点我非常赞同，包括几何在内的所有数学学习都没有捷径。一切宣称可以快速提分的，往往都是饮鸩止渴。数学问题可以千变万化，我们需要的是修炼好内功，这样才能以不变应万变。

形成自己的解题模式

不少人追求刷题量，最后导致解数学问题纯粹变成了肌肉记忆和条件反射。我曾和一些孩子聊过，他们虽然可以条件反射般快速给出一些问题的答案，但据我观察，他们其实并没有理解问题的本质。这种做法在小学阶段提分效果可能不错，但越往后效果会越差，副作用也越大。

我不建议海量刷题，但并不是说不用做题。不解题肯定学不好数学，而解题的关键在于用什么样的解题方法。经过多年的实践，我形成了一套自己的解题模式，以便于获得最佳解题效果。具体来说，我将解题的整个过程分为应试和提升两个阶段，后文将对此进行详细讲解。

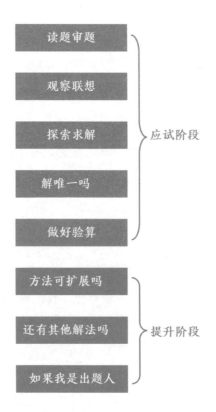

应试阶段分为五步：

（1）仔细读题审题。

这个阶段很重要，千万不要图快，最好把题目读上两遍，揣摩清楚出题人的意图。

（2）观察联想。

观察、识别问题的结构和模式，并与自己知识结构中的已知问题进行分析、对比。

（3）探索和求解。

在这个过程中，很多时候都是通过类比、归纳寻找解题的思路。在小学阶段，这个过程对于提升孩子的数学能力来说非常重要，类比和归纳是人类解决未知问题的"法宝"。当然，探索和求解的方法还有很多，本书在后面会有详细阐述。

（4）永远不要忘了问"解唯一吗"。

这一点很重要，非常考验思维的完备性。一道题 10 分，如果有 2 个答案，你只答了 1 个，那就只得 5 分。找出其他所有解，或者证明这就是唯一解，这在数学上非常重要。

（5）学会验算。

验算并不是简单地将题目重新做一遍，而是一门学问。关于验算的内容，本书后面有专门章节阐述。这里只讲几点：

首先，验算方法千万条，读对题目第一条，确保没有读错题和会错意是最重要的；

其次，要即时验算、步步为营；

最后，验算方法多种多样，比如代入法、殊途同归法、特殊值法、实验验证法、估算法等。要选择最适合所给问题的方法。

如果是考试，那么到这儿解题就结束了。但作为平时的练习，到这里还远远不够。后面的思考才是对提升数学解题能力作用最大的。这就好比健身，当你开始出汗的时候，后面一段时间的坚持才是锻炼效果最好的。

那么还需要做什么呢？

（1）需要问自己：所采用的方法是否可以扩展？

比如，这个方法在 $n = 10$ 的时候可以用，但变成 $n = 1000$ 的时候还能不能用？

（2）永远要问自己，是否有其他解决方法？

努力做到一题多解，并学会分析每种方法的好坏和适用条件。一般而言，效率和普适性往往是一对矛盾体。高效的方法并不一定适用于所有场景；反之，低效的方法却可能更通用。

（3）变换角色，把自己当成出题人。

想一想如果自己来出题，可以怎么改变出题条件，真正做到举一反三。

如果能够做到这些，那我相信数学解题能力想不提升都难。

数学是最好的思维体操

虽说很多学科都可以培养孩子的思维能力，但毋庸置疑的是，数学仍是最好的思维体操。

数学学习可以培养孩子的抽象能力、推理能力和解决问题的能力，并锻炼公理化系统方法。我认为，数学可以培养孩子的 12 大能力和 6 大优秀品质。这些能力和品质对孩子日后的工作和生活具有非常积极的意义。

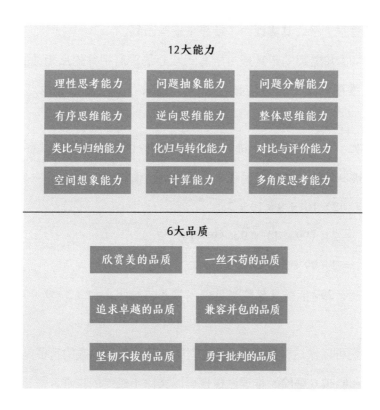

培养孩子的数学推理能力

在中小学阶段，我们要循序渐进地培养孩子的数学推理能力。具体来讲，小学阶段，类比推理和归纳推理是需要重点培养的数学能力。在小学高年级和中学阶段，演绎推理将逐渐扮演更重要的角色。

类比推理是根据两个（或两类）事物的某些属性相同或相似，推出它们另一属性也相同或相似的推理方法，是一种从特殊到特殊的推理方法。

听着很玄乎，其实说白了就是依葫芦画瓢。

比如，知道圆的定义是由所有到圆心的距离相等的点构成的集合，那么三维中球面的定义应该是由所有到球心的距离相等的点构成的曲面。

又如，我们知道在十进制中，被 9 整除的数的特征是其各位数字之和能被 9 整除，其推理过程是基于数的位值表示，例如：

$$297 = 2 \times 10^2 + 9 \times 10 + 7$$
$$= 2 \times (99 + 1) + 9 \times (9 + 1) + 7$$
$$= 2 \times 99 + 9 \times 9 + 2 + 9 + 7$$

因此，297 能被 9 整除当且仅当其各位数字之和（2 + 9 + 7）能被 9 整除。

我们可以做这样的类比：7 进制中，被 6 整除的数的特征是其各位数字之和能被 6 整除。推理过程也可以类比十进制的推理。

$$435_{(7)} = 4 \times 100_{(7)} + 3 \times 10_{(7)} + 5$$
$$= 4 \times (66_{(7)} + 1) + 3 \times (6_{(7)} + 1) + 5$$
$$= 4 \times 66_{(7)} + 3 \times 6_{(7)} + 4 + 3 + 5$$

因此，$435_{(7)}$ 能被 6 整除等价于其各位数字之和（4 + 3 + 5）能被 6 整除。

再看一个几何的例子：

下图的正方形边长为 1，首先被分成四个相等的正方形，将左上角涂色，然后再将右下角的正方形一分为四，将左上角的涂色。

如果我们一直持续这一过程，那么最后被涂色的部分占整个面积的几分之几？

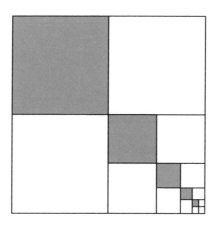

这个问题最直接的做法是用小学生不能理解的无穷级数求和。如果不用无穷级数求和，可以这样考虑：去掉右下角的1/4块后，剩下的这部分，涂色部分占1/3。

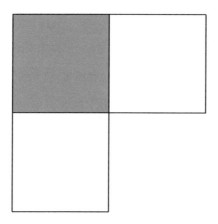

在剩下的 1/4 块里，我们再去掉这个 1/4 块的右下角，那么涂色部分依然占整个面积的 1/3。

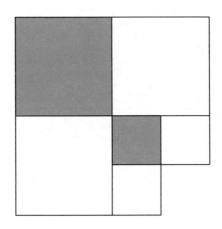

依此类推，每次都抠掉右下角的一小块，涂色部分的面积在不同的尺度上都是整个面积的 1/3，因此最后被涂色部分的面积为整个正方形面积的 1/3。

基于这个思路，我们是不是可以解决下面这个问题。

在下面的黄色正三角形 *ABC* 中，分别取三边的中点 *D*，*E*，*F* 并分别连接，然后分别取 *DE*，*EF*，*DF* 三边的中点 *H*，*I*，*G*，并将 △ *DGH*，△ *EHI*，△ *GIF* 涂成蓝色。接着，对中间的小三角形 *GHI* 重复上述操作。如果这一操作一直持续下去，请问，图中涂成蓝色部分的面积占整个正三角形面积的几分之几？（答案及解析可在公众号"旭爸说数学与计算思维"中获取）

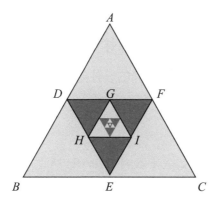

　　但是，由于类比推理的逻辑根据是不充分的，带有或然性，具有猜测性，不一定可靠，不能作为一种严格的数学方法，因此还须经过严格的逻辑论证，才能确认猜测结论的正确性。

　　比如："这篇小说只有 1000 字，文字很流畅，这篇小说得奖了。你写的这篇小说也是 1000 字，文字也很流畅，因此也一定能得奖。"这样的类比无疑会得出错误的结论。

　　又如，人类一直希望找到适合生命生存的外星系类地行星，这就是一种类比推理。根据行星的构造、温度、距离恒星的远近等方面具有与地球类似的特征，因此推断其也可能有生命存在。这样的推理结论并不一定正确。

归纳推理

　　归纳推理是由部分到整体、个别到一般的推理过程，是由关于个别事物的某方面观点过渡到范围较大的观点，由特殊具体的事例推导出一般原理、原则的解释方法。

听着复杂？其实就是找规律！

可以说，归纳推理能力的培养对于解决未知问题具有重要的作用，是小学阶段应该花力气重点培养的一种能力。

先看一个简单的问题：

2，5，8，11，…，这个数列的第 100 项是多少？

这个问题显然需要在特殊的基础上进行归纳，从第 2 项起，每一项都是在前一项的基础上加 3，那么第 100 项应该是在第 1 项的基础上加 99 个 3，即为 $2 + 99 \times 3$。可以因此归纳出，第 n 项的通项公式应该是 $2 + (n - 1) \times 3$。

再如，我们知道三角形、四边形、五边形的内角和分别为 180°，360°，540°，据此，我们可以归纳出 n 边形的内角和应该是 $(n - 2) \times$ 180°。

再看下面这个问题：

有 100 个边长为 1 的正三角形如下图所示排成一行，请问图形的周长是多少？

我们不妨从 1 个正三角形开始：

正三角形个数	周长
1	3
2	4
3	5
4	6

据此，我们可以归纳出 n 个正三角形按上面的方式排列的周长为 $(n+2)$ 。

如果我们把正三角形换成正五边形，100 个边长为 1 的正五边形如下图所示排在一起，周长为多少？

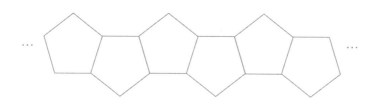

我们同样也可以从 1 个正五边形开始做如下归纳：

正五边形个数	周长
1	5
2	8
3	11
4	14

据此，可以归纳出 n 个正五边形按上述方式排列，周长为 $(3n+2)$。

上面的结论，当然可以进行严格证明。从图中可以看到，除了一头一尾两个正五边形贡献了 4 条边，其余 $(n-2)$ 个正五边形都只贡献了 3 条边，因此周长为 $4 \times 2 + 3 \times (n-2) = 3n+2$。

最后再来看一个稍微复杂一点儿的问题：

有 1 个水龙头，6 个人各拿一只水桶到水龙头下接水，水龙头注满 6 个人的水桶所需时间分别是 5 分钟、4 分钟、3 分钟、10 分钟、7 分钟、6 分钟，怎么安排这 6 个人打水，才能使他们等候的总时间最短，最短的时间是多少？

这个问题也可以从归纳开始。

首先，假设只有 2 个人，所需注水时间分别为 3 分钟和 4 分钟，注水时间只有 3，4 和 4，3 两种排列，显然，按照前一种排列方式打水，等候的总时间最短。

再假设有 3 个人，所需注水的时间分别为 3 分钟，4 分钟，5 分钟，那么有：

注水时间的排列顺序	等候的总时间（包括自己注水的时间）
3, 4, 5	22
3, 5, 4	23
4, 3, 5	23
4, 5, 3	25
5, 3, 4	25
5, 4, 3	26

可以看到，按照 3 分钟、4 分钟、5 分钟的顺序打水，等候的总时间最短。

据此，可以大致归纳出下面的结论：为了让所有人等候的总时间最短，应该按照注水时间从小到大的顺序排队打水。但这个归纳到底对不对，还需要严格的证明。

● 第一种方法

第一种方法是可以利用反证的思想。假如在等候时间最少的打水方案中，有两个人 a 和 b，两人注水时间也分别用 a，b 表示，注水时间长的排在注水时间短的前面，如下图所示，$a > b$，且设排在 a 前面的有 x 人，排在 a 和 b 之间（不包含 a，b）的有 y 人，排在 b 后面的有 z 人。

那我们可以交换 a，b 的顺序，得到如下的打水顺序。

在上面的两种打水方案中，只有第 $x+1$ 个人和中间的 y 个人，他们的等候时间受到了影响，a，b 交换位置对前面 x 个人和后面 z 个人的等候时间并没有影响，对第 $x+y+2$ 个人的等候时间也没有影响。

我们可以计算一下第一种方案的总等候时间与第二种方案的总等待时间之差。

前面 x 个人：等候时间相等；
第 $(x+1)$ 个人：两种方案的时间差为 $(a-b)$ ；
中间 y 个人：两种方案的时间差为 $(ya-yb)$ 。

因此，总的等候时间差为：$a-b+ya-yb=(y+1)(a-b)>0$。

也就是说，交换位置后，等候的总时间会变少。这说明在最后使得打水等待总时间最少的方案中，一定是按照注水时间从少到多的顺序排列的。

● 第二种方法

假设 6 个人最后打水的先后顺序为：a，b，c，d，e，f，各人需要的注水时间也用 a，b，c，d，e，f 表示，那么总的等候时间为：

$a + (a + b) + (a + b + c) + (a + b + c + d) + (a + b + c + d + e) +$
$(a + b + c + d + e + f)$

$= 6a + 5b + 4c + 3d + 2e + f$

$= 5a + 4b + 3c + 2d + e + (a + b + c + d + e + f)$

$= 5a + 4b + 3c + 2d + e + 35$

要使得和最小，最后一个式子中消失的 f 应该是最大的，即 10 分钟，剩下的 a，b，c，d，e 为 5，4，3，7，6 这组数的一个排列。

基于递归的思维，重复这一分析过程，可以得到 $e = 7$，$d = 6$，$c = 5$，$b = 4$，$a = 3$。

事实上，许多物理定律的发现都依赖对大量数据的观测和归纳。比如开普勒发现的行星运动定律。从这个意义上讲，对数据的拟合就是一种归纳。

当然，上面所说的归纳是可以进行严格证明的。但有些通过特殊情况归纳出的一般结论，并不一定正确，或者很难被证明或证伪。例如，大名鼎鼎的哥德巴赫猜想就属于这样的归纳结论。

哥德巴赫猜想：任何大于 2 的偶数都可以表示成两个质数之和。

比如，$4 = 2 + 2$，$6 = 3 + 3$，$8 = 3 + 5$，$10 = 5 + 5$，这个结论对于特殊值都成立。但通过归纳得出的一般性结论，经历了这么多年依然未能被证明或证伪。

此外，规律不一定唯一，同样的观测值，可以得出不同的可解释

的归纳结论。比如，1，2，4，8，_____

按照大部分人的直觉，8后面的横线上应该填16。但是，填15也行。为什么？如果你去研究一下0刀、1刀、2刀、3刀、4刀分别可以把西瓜最多切成多少块，就会发现是1，2，4，8，15这个序列。如果有疑问，可以查看本书第6章的相关内容。

填14也行。为什么？如果你去观察一下0个圆、1个圆、2个圆、3个圆、4个圆分别把平面最多分成多少个区域，就会发现是1，2，4，8，14这个数列。

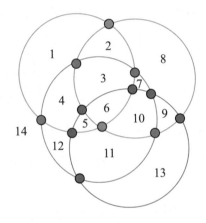

事实上，从纯数学理论出发，只要是有限个数，空格处填任何数都存在合理的解释。

演绎推理

到了初中以后，演绎推理就显得尤为重要。

演绎推理是指从一般性的前提出发，通过推导（即演绎），得出具体陈述或个别结论的过程。演绎推理是一种确定性推理，是前提与结论之间有必然性联系的推理。

下面这个三段论是演绎推理的经典例子：

所有的人都会死。

苏格拉底是人。

所以，苏格拉底会死。

在我们的数学课程中，演绎推理在平面几何中用得最多。这里举一个例子。

证明三角形的内角和是 180°。

在小学的课本里，证明方法是通过类似下面的实验方法，把三角形的三个角剪下来，拼在一起，发现正好是一个平角。

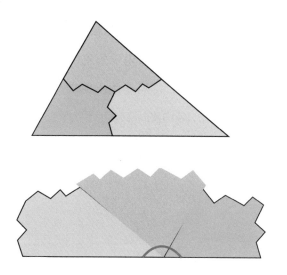

这种方法当然不能算是一种证明。严格的证明需要演绎推理。

如下图所示，延长 BC 至 CD，过 C 点作 BA 的平行线至 CE。

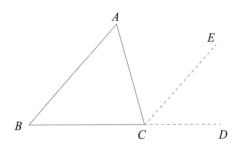

由于 $AB // EC$，有：

$\angle DCE = \angle B$（同位角相等）

$\angle ECA = \angle A$（内错角相等）

因此，$\angle A + \angle B + \angle C = \angle ECA + \angle DCE + \angle ACB = 180°$。

如果要深究一下，为什么同位角和内错角相等？那我们还要搬出欧氏几何五大公设中的第五条，它是这么说的：

同平面内一条直线和另外两条直线相交，若在某一侧的两个内角和小于两个直角的和，则这两条直线经无限延长后在这一侧相交。

这句话的逆否命题是：同平面内一条直线和另外两条直线相交，如果后面两条直线无限延长后在某一侧不相交，那么这一侧的两个内角和不小于两个直角的和（即 180°）。

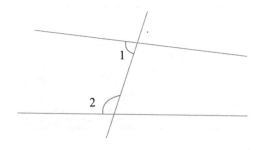

由于两条直线平行，所以这两条直线在任何一侧都不相交，那么两侧的两个内角和都不小于180°。而四个内角加起来是360°，只能是每一侧的两个内角和均为180°。据此，可以进一步推出同位角和内错角相等。

只有掌握了演绎推理，才算是真正步入了数学的大门。

所以，什么才是我们最应该学的？不是那些让人眼花缭乱的技巧，而是基本概念、基本关系、基本规则、基本原理和基本推理方法，以及不畏艰难和追求卓越的品质。

基础篇
MATH

第1章

辨识问题比解决问题更重要

对义务教育阶段的孩子而言，掌握解题技巧虽然重要，但认识到为什么有些做法是错的往往更重要。看似相同的问题，可能会有九九八十一变。准确地辨识问题需要孩子拥有一双火眼金睛。下面我以经典的分球问题、图论问题、大黄蜂找蜂房、容斥原理问题为例，来谈谈数学解题中如何辨识问题。

分球问题

先从分鱼食问题开始，本质上，这是排列组合中常见的分球入盒问题。

例1 鱼缸里有 4 条不同的鱼。你将 10 颗不同的食物颗粒放入鱼缸里。假如允许给鱼分 0 颗食物颗粒，那么把 10 颗食物颗粒分给 4 条鱼，一共有多少种不同的分法？

例2 鱼缸里有 4 条不同的鱼。你将 10 颗相同的食物颗粒放入鱼缸里。假如允许给鱼分 0 颗食物颗粒，那么把 10 颗食物颗粒分给 4 条鱼，一共有多少种不同的分法？

这两道题都是经典的排列组合问题，抽象出来就是分球入盒问题，相当于把 10 个球放入 4 个盒子里。这两道题中的食物颗粒对应球，鱼则对应盒子。

你看出上面两个问题有什么差别了吗？其他条件都一样，只是把食物从"不同"变成了"相同"。但就是这么微小的文字改动，问题的难度和解题的方法便完全不同了。

分球问题有很多变种，一不小心，我们就会搞混。这些变种主要是由以下 3 个约束条件产生的：

(1) 球可以相同或不同；

(2) 盒子可以相同或不同；

(3) 盒子允许空或不允许空。

组合上面的约束条件，一共可以产生 2×2×2 = 8 种不同的分球入盒变种问题，如表 1 所示。

表1

序号	球是否相同	盒子是否相同	是否允许盒子为空
1	球不同	盒子不同	允许盒子为空
2	球不同	盒子不同	不允许盒子为空
3	球不同	盒子相同	允许盒子为空
4	球不同	盒子相同	不允许盒子为空
5	球相同	盒子不同	允许盒子为空
6	球相同	盒子不同	不允许盒子为空
7	球相同	盒子相同	允许盒子为空
8	球相同	盒子相同	不允许盒子为空

如果搞不清楚这些看似微小的条件变化而引起问题本质上的差别，只是机械地记忆问题解法，那就很容易张冠李戴。

下面我就对表1中一些比较简单的情况（第1种、第5种、第6种、第8种组合方式）进行分析。

第1种组合方式的分析

上面第1题对应的是表1中第1种组合方式，这也是这类题目中最简单的。

为了更清楚地讲解这一问题，我曾拿出一些棒棒糖，并以此举了一个更简单的例子。

问题：把3根不同颜色的棒棒糖分给2个学生，有多少种分法？

一个孩子说有 14 种。他是这么思考的：

第一个学生分 3 根，第二个学生分 0 根；第一个学生分 0 根，第二个学生分 3 根。有 2 种分法。

剩下的 12 种情况里，每个学生至少分得 1 根棒棒糖。

他把 3 根不同颜色的棒棒糖做排列，得到 6 种排序方法。然后假设第一个学生分 1 根，第二个学生分 2 根，每次把排列的第一根棒棒糖分给第一个学生，剩下的 2 根分给第二个学生。

比如，排列为 A，B，C，那么第一个学生分 A，第二个学生分 B，C；如果排列为 C，B，A，那么第一个学生分 C，第二个学生分 B，A……所以有 6 种分法。如果第一个学生分 2 根，第二个学生分 1 根，则同上又有 6 种方法。因此，他认为总共有 $2 + 6 \times 2 = 14$ 种。

很快有孩子意识到这个思路有问题。问题在于：排列 A，B，C 或 A，C，B，最后都是第一个学生分 A，第二个学生分 B，C，属于同一种分法，因此不是一一对应的，而是有两种排列方式对应一种分法。

经过这么一点拨，这个孩子就知道，其实只有 $2 + 3 + 3 = 8$ 种分法。

但如果试图把这种方法拓展到更大的数，就存在困难。

在前面的分鱼食问题中，我们的任务是把 10 颗不同的食物颗粒分给 4 条不同的鱼，可以分成 10 步来完成这个任务，每一步分 1 颗食物。由于允许鱼可以分 0 颗食物，每一颗食物颗粒都可以分给 4 条鱼中的任何一条，有 4 种不同的分法。因此，根据乘法原理，共有 $\underbrace{4 \times 4 \times 4 \times \cdots \times 4}_{10 \text{ 个 } 4} = 4^{10}$ 种方法。

第 6 种组合方式的原始解法分析

上面第 2 题对应了表 1 中第 5 种组合方式。在解决这个问题之前，我们可以先来解决表 1 中第 6 种组合方式的问题，即 10 颗相同的食物颗粒分给 4 条不同的鱼，并且每条鱼至少要吃到 1 颗食物颗粒。

同样，以棒棒糖举例，小朋友就很容易理解。现在分到你手中的是哪根棒棒糖并不重要，因为都是一样的棒棒糖，重要的是你分到了几根。

此时可以用枚举法，尽管方法有点儿笨。比如：$10 = 1 + 1 + 1 + 7$，但谁分 7 根，有 4 种分法。拆分和对应的不同分法如表 2 所示。

表 2

序号	10 的不同拆分方法	对应的不同分法
1	$10 = 1 + 1 + 1 + 7$	4
2	$10 = 1 + 1 + 2 + 6$	12
3	$10 = 1 + 1 + 3 + 5$	12
4	$10 = 1 + 1 + 4 + 4$	6
5	$10 = 1 + 2 + 2 + 5$	12
6	$10 = 1 + 2 + 3 + 4$	24
7	$10 = 1 + 3 + 3 + 3$	4
8	$10 = 2 + 2 + 2 + 4$	4
9	$10 = 2 + 2 + 3 + 3$	6

所以，总共有 4 + 12 + 12 + 6 + 12 + 24 + 4 + 4 + 6 = 84 种不同的分法。

第 8 种组合方式的分析

这里要先分析表 1 中第 8 种组合方式，因为上述过程实际上也解决了第 8 种组合方式的问题，即 10 个相同的球放入 4 个相同的盒子，且不允许盒子为空，等价于把 10 拆分成 4 个大于 0 的整数之和，并且整数是无序的，也就是说，1，3，3，3 和 3，3，3，1 是相同的拆分方式。

我们不妨假设可以将 10 写成 4 个数 a，b，c，d 之和，且 $0 < a \leqslant b \leqslant c \leqslant d$。

因此，总共有 9 种分法，分别如下：

$10 = 1 + 1 + 1 + 7$

$10 = 1 + 1 + 2 + 6$

$10 = 1 + 1 + 3 + 5$

$10 = 1 + 1 + 4 + 4$

$10 = 1 + 2 + 2 + 5$

$10 = 1 + 2 + 3 + 4$

$10 = 1 + 3 + 3 + 3$

$10 = 2 + 2 + 2 + 4$

$10 = 2 + 2 + 3 + 3$

第 6 种组合方式的插板法分析

再回到上面的问题，当数量变大时，枚举法就不再适用了，因为可扩展性太差。那么，有没有其他的办法呢？

把 10 个球排列如下：

我们假设第 1 个盒子放最左边的几个球，第 2 个盒子放随后的球，最后一个盒子放最右边的球。

例如，我们按照上面的方法将 10 个球分一下，用竖线隔开，那么就相当于第 1 个、第 2 个、第 3 个、第 4 个盒子分别放了 2、3、4、1 个球。

这个问题就转换成，在 10 个球的 9 个间隔中选择 3 个间隔插入分隔符（可以用板来分隔），从而把 10 个球分成有序的 4 组。

把 3 块不同的板放到 9 个间隔中的 3 个位置，一共有 $9 \times 8 \times 7$ 种放法。在这里，板是相同的，3 块板有 6 种不同的排列，只要 3 块板放的位置相同，对应的就是同一种划分。

比如，如下图所示，3 块板 *A*、*B*、*C* 分别放在 3，5，8 三个空位上，可以有 *ABC*，*ACB*，*BAC*，*BCA*，*CAB*，*CBA* 这 6 种不同的排列。但当 3 块板相同时，对应的是同一种划分。

因此，一共有 $9 \times 8 \times 7 \div 6 = 84$ 种不同的放法。

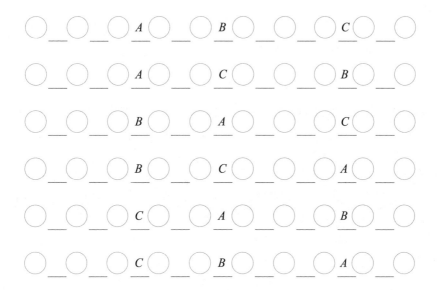

可以看到，这个结果和上面的枚举结果是一样的。这就是经典的插板法。

第5种组合方式的分析

再回到表1的第5种组合方式，也就是如果允许盒子为空怎么办？

孩子们首先想到的是能插分隔符的地方从9个增加为11个，因此，共有 $11 \times 10 \times 9 \div 6 = 165$ 种。但很快有孩子意识到这是不对的，因为允许空盒后，可以把几个分隔符插在一个位置（如下图）。

比如，上面这种就表示第1个、第2个、第3个、第4个盒子分别放0、0、3、7个球。因此，问题就不等同于在11个位置选3个位置放分隔符了。

其实，这个问题可以转化为表 1 中第 6 种组合方式的问题来做。转化是求解未知数学问题的利器，能将未知变成已知。

在这个问题中，转化的诀窍就在于怎么去掉允许盒子为空这个约束条件。如果不允许盒子为空，那么我们可以再拿 4 个相同的球，在每个盒子先放 1 个球。这样，后面 10 个球还是按照原来的允许盒子为空来放，最后的结果是没有盒子为空。

比如，最后 4 个盒子放的球数是 3，1，5，5，那么对应的 10 个球的放法就是 2，0，4，4。反之，如果 10 个球的放法为 2，0，4，4，那么对应的 14 个球的放法就是 3，1，5，5。两者是一一对应的。

这里不得不多说一句，很多计数问题解决方法背后都蕴含着"一一对应"这一最朴素却最有用的思想，它将会一直贯穿整个中学时代的函数学习。

于是，10 个相同的球放入 4 个不同的盒子，允许盒子为空，就相当于 14 个相同的球放进 4 个不同的盒子，不允许盒子为空。根据第 6 种组合方式的解法，共有 $13 \times 12 \times 11 \div 6 = 286$ 种。

其他组合方式

到此，我们讲解了表 1 中的第 1 种、第 5 种、第 6 种、第 8 种组合方式的解法，当然，第 8 种如果数量大，那么还需要其他解决方法。实际上，这个问题里其他组合方式的解法很复杂，涉及递归等更高级的技巧，这是大学组合数学内容的一部分，在此就不再深入探讨了。

最关键的问题是，我们需要有一双火眼金睛，能够识别出这一问题不同的变种，从而采取合适的做法。

欧拉通路还是哈密尔顿通路

我们来看下面这个易辨识错误的问题。

在一片大海上，有许多藏有金币的小岛，这些小岛由桥连接在一起（如下图）。每通过一座小岛，就可以收获相应数量的金币（每座小岛上的金币数量已经标记）。从起点到终点，每座桥最多只能走一次。小朋友试着走一走，最后把经过的每座小岛上的金币数量加起来，

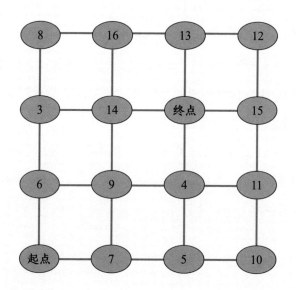

算一算，最多能收获多少个金币？

　　不少学过一笔画的同学很快就把它与一笔画问题对应起来，并做出如下结论：由于图中存在 8 个奇点，原图无法一笔画，所以要去掉一些边才行。

　　一笔画问题在图论里对应于欧拉图，由七桥问题发展而来。欧拉通路（或欧拉回路）要经过图中所有的边一次且仅一次，但对于每个点经过多少次并没有限制。然而，在上面的这个问题中，由于金币并不在桥上，而是在岛上，显然不用经过所有的桥（或尽可能多地经过桥），因此不是一笔画问题。

　　在图论中，还有一个相似的问题是寻找一条经过图中每个顶点一次且仅一次的通路，这样的通路被称为哈密尔顿通路。在上面的问题中，由于金币在岛上，因此，如果存在一条从起点到终点能经过所有点一次的通路，那就能获得所有的金币。

　　但经过多次尝试，我们发现，这个图似乎不存在这么一条从起点经过所有点一次且仅一次后到达终点的路径。事实上，如果我们按下图的方式用 0，1 对所有点进行间隔标号，那起点标号为 0，终点标号也为 0，标号为 0 和 1 的点各有 8 个。由于 0 和 1 间隔标号，走过的路径一定呈现 0－1－0－1－0－1……的排列，要遍历所有点（8 个 0，8 个 1）一次且仅一次，最后一个点的标号应该是 1 才对，因此无法遍历。所以，至少要去掉 1 个点才行。

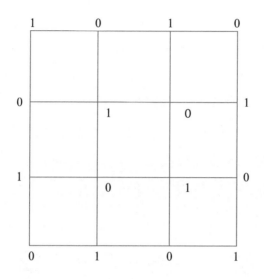

我们发现，如果去掉有 3 个金币的岛，那么左上角的点将成为度数为 1 的悬挂点，因此不行。而如果去掉有 4 个金币的岛，则是可以的，具体的走法如下图。相应地，可以获得 129 个金币。

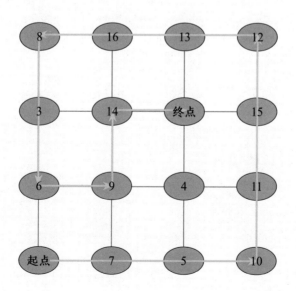

我们回过头再次仔细审视一下题目，可以发现题目中只限制每座桥走一次，但并没有限制每座岛只能走一次。因此，这个问题其实与哈密尔顿通路是两码事！

去掉了这个限制以后，我们不难找到一条从起点到终点且经过所有小岛的路径（路径并不唯一），如下图（图中的标号给出了走的次序）所示。这条路径两次经过了有9个金币的小岛。所以，这个问题的正确答案就是把所有岛上的金币数加起来，为133个金币，而不是129个。

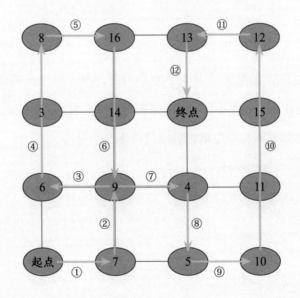

大黄蜂找蜂房

我们再来看一个问题：

一只黄蜂想从图中左上角的蜂房移到右下角有蜂蜜的蜂房。每次移动，它只能往右侧相邻的蜂房移动一步，那么，它一共有多少种不同的方法到达有蜂蜜的蜂房呢？

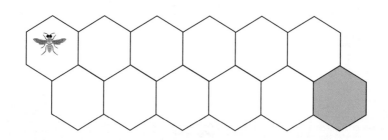

当大黄蜂位于上图的某个位置时，它的下一步基本上都有两种移动方法，比如，当它位于上面一行的中间位置时，那么它可以向右和右下两个位置移动；如果位于下面一行的中间位置，那么它可以向右和右上两个位置移动。

于是，许多同学的第一反应是用乘法原理求解：$2 \times 2 \times 2 \times \cdots \times 2$。但问题也随之而来，一共有多少个 2 相乘呢？我们知道，应用乘法原理有两个基本的前提条件。

第一，乘法原理要求完成任务的步数是确定的。但这只大黄蜂满足条件的移动步数是不确定的，最少 6 步完成，最多可以 11 步完成（如下图）。

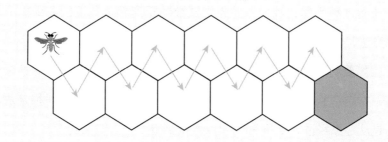

第二，乘法原理的形象表示是如下所示的分支图，它要求每一层下面所有分支的分叉数一样多。

下面的分支图表示一个人有 3 条裤子和 4 件上衣，一共可以有 12 种不同的搭配。第一步选裤子，有 3 种选法；第二步选上衣，每一条裤子配上衣时都有 4 种选法。

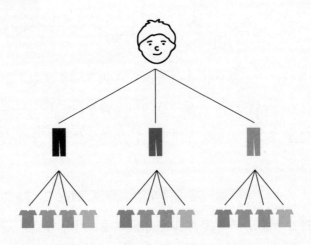

但在大黄蜂找蜂房这个问题中，如果仔细观察，你会发现，其实并非每一个位置的下一步都有两种选择。比如，到达右上角的位置后，大黄蜂的下一步只有一种移动方法，即向右下。

所以，乘法原理并不适用于这个问题。

碰到这种问题，我们不妨先尝试数数距离起点最近的几个格子的移动方法，看看能有什么发现。简单试一下就得到了下面的结果。

比如要到达图片左下角的格子 "A" 中，只有一种走法，即从起点向右下方走。到达黄蜂所在格子右边的第一格 "B" 中，有两种走法，分别是从起点经过 A 到 B 和从起点直接到 B。

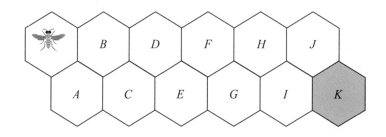

通过简单分析可以发现，从左上角到达 A，B，C，D，E 的方法数分别是 1，2，3，5，8 种。原来这是个斐波那契数列。为什么会是这样？我们可以回过头来再思考。在这幅图中，到达某个格子有两种可能（除了图中的左下格）。比如，为了到达 K，只能从 I 或 J 到达，并且经过 I 或 J 直接到达 K 的走法一定不同。因此，到达 K 的方法数 = 到达 I 的方法数 + 到达 J 的方法数。所以说，这个问题实际上是加法原理，而不是乘法原理的应用。最后，到达 K 的方法数为 144 种。

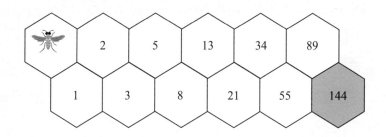

容斥原理问题

我们再来看下面这道看上去很熟悉的题：

四（3）班有 40 人，喜欢语文的有 30 人，喜欢数学的有 36 人，请问同时喜欢语文和数学的有多少人？

学过容斥原理的同学会不假思索地回答：$30 + 36 - 40 = 26$ 人。

但真的是这样吗？不妨再来看下面这个问题。

四（3）班有 40 人，每个人至少喜欢语文或数学中的一门，喜欢语文的有 30 人，喜欢数学的有 36 人，请问同时喜欢语文和数学的有多少人？

有人看完题目后不免疑惑：这两个问题不是一样的吗？连数字都一样啊！但再仔细看一下，好像有那么一点儿区别。在第二个问题里，每个人至少喜欢语文或数学中的一门，而在第一个问题里并没有这个约束条件，因此第一个问题里可能有人两门都不喜欢！

有了上面的分析，我们就知道，26 人（$30 + 36 - 40 = 26$）应该是第二个问题的答案，而第一个问题的答案并不是一个固定值，应该是个范围。

如果每个人都至少喜欢语文或数学中的一门，那么第一个问题的解答就和第二个问题一样，为 26 人；但如果其中有 1 个人两门都不喜欢，那么至少喜欢语文或数学中一门的就只有 39 人，从而同时喜欢语文和数学的同学为：$30 + 36 - 39 = 27$ 人。

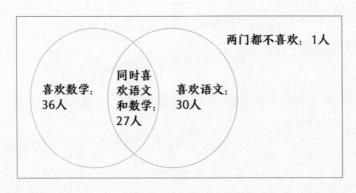

最极端的情况是所有喜欢语文的人都喜欢数学，此时有 4 个人两门都不喜欢，如下图所示。显然，这种情况下，两门都喜欢的就是 30 人，也是能达到的最大值。

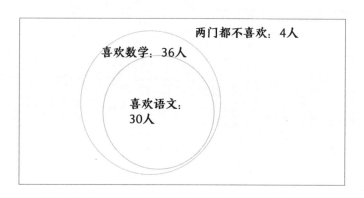

因此，第一个问题的答案应该是 26～30 人。

如果你觉得现在已经完全掌握了，那再来看下面这个问题：

四 (3) 班的每个同学至少喜欢语文、数学或英语中的一门课，喜欢语文的有 30 人，喜欢数学的有 36 人，喜欢英语的有 28 人，同时喜欢语文和数学的有 24 人，同时喜欢语文和英语的有 20 人，同时喜欢数学和英语的有 18 人，三门课都喜欢的有 8 人，请问四 (3) 班一共有多少人？

有了上面的经验，不少同学都会仔细地看一下，题目里是不是说清楚了每个同学都至少喜欢语文、数学或英语中的一门课，确认无误后，就可以放心地根据容斥原理公式算出结果：

$$|A \cup B \cup C| = |A| + |B| + |C| - |A \cap B| - |A \cap C| - |B \cap C| +$$

$$|A \cap B \cap C|$$
$$= 30 + 36 + 28 - 24 - 20 - 18 + 8$$
$$= 40$$

但这个解答对不对呢？如果不会公式，画个韦恩图会如何？

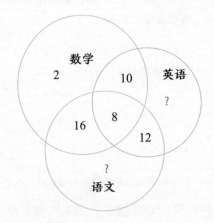

画完上面的图后，我们会发现，只喜欢语文和只喜欢英语的没法填了。因为 $16 + 8 + 12 = 36$ 已经超过喜欢语文的总人数 30 人了，同样 $12 + 8 + 10 = 30$ 也大于喜欢英语的总人数 28 人了。

因此，这个问题的根本在于题目出错了！但是，如果只用容斥原理的公式求解，是察觉不了这个错误的。

那怎样才能确保题目不出错呢？我们可以先算出喜欢数学同时又喜欢语文和英语中至少一门的人数，然后出题时要确保喜欢数学的人数不小于这个数才行。对于语文和英语，也要做同样的限制。这里也就是要确保喜欢数学的人数不少于 34 人，喜欢语文的人数不少于 36 人，喜欢英语的人数不少于 30 人才行。

第 2 章

阅读理解不过关，数学肯定好不了

虽然读懂数学问题通常不是困难的事儿，但是，阅读理解不过关，数学成绩肯定难以提升。一般而言，年级越低，阅读理解能力和数学成绩的正相关性越强。

先来看这么一道题：

一天下午，一个男孩和他的妹妹在街上散步时遇到了一位善良的老人。当老人问他们的家庭人数时，男孩很快就回答了。他自豪地说："我的兄弟人数和我的姐妹人数一样多。"女孩补充道："我的兄弟人数是我的姐妹人数的 3 倍。"你能说出他们家总共有多少孩子吗？

一位乡村小学的数学老师对我说："旸爸，我把这道题出给四五年级的学生做，可是他们做不出来，因为不理解题意。"

我发现，很多孩子都存在类似的问题——他们只适应单一地写得数和列竖式计算，或者根据老师给的同类型题目算出答案，但在阅读、理解、提炼、归纳和运用能力方面有所欠缺。有些孩子不会做数学题，不是因为他们不会计算，而是因为他们读不懂题，其实说起来这是语文没过关。

事实上，阅读并理解题意，迅速捕捉问题中的逻辑关系和数量关系并提炼要点，进而运用正确的方法解决问题的过程，才是有效学习数学的完整过程。这一过程是数学与孩子的生活联系得最紧密的部分，也是孩子提升自身综合素养、提高自己对数学的敏锐度的过程。

关于阅读理解对孩子解题造成的障碍，我深有体会。我家孩子昀昀的学习之路就较为曲折，从一年级至三年级，阅读可以说是他在学习中面临的最大障碍。在美国上一年级时，由于没有英文基础，他常常做不出题来；回国读二年级时，他的中文水平又比同龄孩子低，也常常因为看不懂题而放弃做题。

面对这一问题，我一方面让他坚持每天阅读自己感兴趣的中英文绘本或书籍，另一方面是每天选择一两个中英文应用题让他解答。他先阅读，自己理解，然后再思考可以运用哪些方法解答。我会通过提问来了解他是否理解了题意，从他表达自己的思考过程中了解他的思路是否清晰连贯。在逐渐提升中英文阅读能力之后，他就变得越来越自信，答题的准确率也得以大幅提升。

一般来说，孩子在读数学题的过程中通常会碰到 3 类问题。

读错题

孩子读错题是不少家长感到头疼的问题。有一段时间里，昀昀读数学题跟读小说一样，一目十行，经常看错题。

现在的小学数学试题基本是大家反复练习了几十次的题型。面对这类问题，孩子一看面熟，就更容易不看完题目就开始动笔。对此，我建议大家一定要读完两遍题后再开始做题，切忌一读完题甚至没读完就下笔。否则很容易因为解过相似问题而掉进"坑"里。关于这一点，前文中给出的两道有关容斥原理的题就很能说明问题。

会错意

与读错题不同，会错意是指对文本内容内涵的理解出现了偏差。比如本文开头给出的问题就是一个典型案例。题目中，男孩说他的兄弟与姐妹一样多。孩子首先要搞清楚的是男孩的兄弟不等同于所有男孩，而是比所有男孩少1人（也就是男孩自己不包括在兄弟之中）。如果一开始把这句话理解成男孩和女孩人数一样多，那么后面一句妹妹说的话"我的兄弟人数是我的姐妹人数的3倍"，就不可能成立了。因此，这个问题的答案是家里有3个男孩、2个女孩，总计5个孩子。

又如下面这道小学二三年级的题：

苏珊一直在等待她的朋友塞斯。塞斯在周六离开，并定于17天后返回。请问塞斯返回的时间是周几？

这个17天后到底怎么理解？如果有疑问，不妨用小的数字尝试一下，比如1天后返回怎么理解？肯定不是周六返回，那是周日返回还是周一返回？按一天 24 小时来理解，那么应该是周日返回，这种理解是最正确的。所以，题中说的"17 天后返回"，可以理解成过了 17 个 24 小时。由于 $17 \div 7 = 2\cdots3$，因此，返回时应该是周二。

再看一个题：

小蜜蜂要采蜜，每只蜜蜂可以采直线方向三格内的花朵（如图 1），每朵花只能被一只蜜蜂采蜜，且蜜蜂所在的格子不能有花朵（如图 2），图中有三只蜜蜂采蜜，该如何安排蜜蜂的位置才能保证所有花朵都被采到蜜，请在图 3 中用▲标出三只蜜蜂的位置。

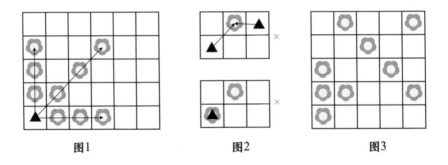

图1　　　　图2　　　　图3

这个问题也容易会错意。每只蜜蜂可以采直线方向三格内的花朵，每朵花只能被一只蜜蜂采蜜，仅从文本角度直接理解有一定难度，但结合题目给出的图，题意就清楚了。

我们可以看到，对于这类理解起来可能有偏颇或歧义的题目，可以使用常识进行验证，或者结合问题所给的图进行理解。有些时候，题目的前后句子还会相互呼应，可以借此印证或否定自己的理解，而图示则能让原本较难理解的文字变得更直观。

真的读不懂

我们来看下面这道题：

屋子里有 51 个人。求最大的 n，使得"这个房间里至少有 n 个人，他们生日的月份相同"这句话总是正确的。

对小学生来说，这道题其实挺难理解。问题中既有一个抽象的字母 n，又有"最大""至少"，还有"总是正确"这样的逻辑用语。

如果遇到一开始就确实读不懂的题，我的建议是：别轻易放弃，多试试，在试的过程中慢慢发现题眼是什么，考点是什么，从而寻找突破口。

以上面这道题为例，我们不妨从 n = 1 开始。"这个房间里至少有 1 个人，他们生日的月份相同"，这句话肯定正确。

当 n = 2 时，51 个人是否至少有 2 个人生日的月份相同？一年只有 12 个月，所以 n = 2 也是可以的。到此，大致就能知道这道题的考点是抽屉原理。

抽屉原理最重要的是构造"苹果"和"抽屉"。在这道题中，"苹果"就是 51 个人，"抽屉"就是 12 个月，将 51 个人放进 12 个"抽屉"，至少有一个"抽屉"有 5 个或 5 个以上的人。因此，n 的最大值为 5。

当然，如果在平时遇到实在读不懂的题，那就虚心请教吧；如果在考试中通过一段时间的尝试后还是读不懂题目是什么意思，那就早点儿放弃。

最后，再举几个例子：

例1 师父对年轻的徒弟说：我在你这年纪时你才 5 岁，等你到我这年纪，我就 71 岁了。请问，他们各多少岁？

这里面的"你""我"出现了很多次，"你这年纪""我这年纪"，听上去相当绕。为了正确理解题目表达的意思，可以画图辅助。

例2 一个袋子里有一些相同大小的球，每个球都是 7 种颜色中的一种。每种颜色的球各有 77 个。至少要取出多少个球，才能保证其中包含 7 组球（每组 7 个），其中每一组的 7 个球颜色相同？

题目要求每一组的 7 个球颜色相同，但并没有要求不同组的球颜色不同，因此这个题的正确理解应该是：不同组的球颜色可以相同，也可以不同。

例3 有 50 名学生参加联欢会，第一个到会的女生同全部男生握过手，第二个到会的女生只差一个男生没握过手，第三个到会的女生只差 2 个男生没握过手，以此类推，最后一个到会的女生同 7 个男生握过手。问这些学生中有多少名男生？

这个题要读懂也不是那么容易。不妨做个简单的假设：假如男生、女生各有 25 人。那么，第 1 个女生和 25 个男生握过手，第 2 个女生和 24 个男生握过手，以此类推，第 25 个女生应该和 1 个男生握手才对。这说明女生应该比男生少。如果女生有 24 人，男生有 26 人，那么第 1 个女生和 26 个男生握过手，第 2 个女生和 25 个男生握过手……第 24 个女生应该和 3 个男生握过手。

可以看到，少 1 个女生，最后一个女生握手的男生数量多了 2 个。因此，如果是 23 个女生，最后第 23 个女生应该和 5 个男生握过手。如果是 22 个女生，那最后一个女生就和 7 个男生握过手。

让抽象的符号具体化，通过具体的实例来剖析问题，会让问题变得更清晰，也更易于理解。

第3章

没有学会走路就想跑是学习的大忌

一到周末，我们全家都喜欢去登紫金山。紫金山的登山道有很多条，大人带小孩走南边的缓坡上山需要走5～6公里。想健身的可以走北边的陡坡，大约走2公里即可登顶。如果想欣赏不同的沿途景色，那可以每次换一条道上山。登山如此，学习亦如此。目标很重要，过程也同样重要。

我曾经给小朋友们讲过下面这个经典的题目：

小明家在 A 地，学校在 C 地，每天他都想走不完全相同的路去学校，但他又不想多走路，请问他从家到学校最多有多少条不同的最短路可以走？

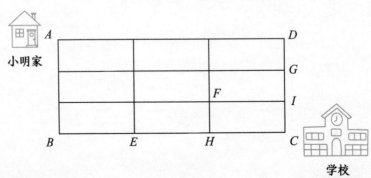

有些小朋友脱口而出：标数法。确实，标数法是解决这一问题的利器。但当我让他们不用标数法而用枚举法时，有些小朋友就枚举不全了。

在这里，我想阐明一个观点：在没有学会走路之前，千万不要直接学跑步，容易摔跤！就以这个题为例，我们先来看看"走路"和"跑步"分别是怎么解决问题的。

方法一：枚举法

很多人学了高级的技巧后觉得枚举太低端，这其实不对。在枚举的过程中有所发现，然后去挖掘更便捷的做法，这一过程才是至关重要的。很多登山的捷径也是在登山的过程中被发现的。

回到这个问题本身，枚举其实并不容易，需要有非常强的有序思维能力。如果你觉得我夸张了，那不妨设想一下给你的是 10×10 的网格。

从 A 到 C，我们可以向右走和向下走。要正确地枚举，我们需要做到两点：

> （1）我们需要设定一个规则。比如能向右就向右，不能向右再向下。规则必须是明确的，不能模棱两可。如果没有这样的规则，那么很容易遗漏或重复。

> （2）必须严格按照规则执行。有了规则，在执行的时候就要反复提醒自己按照规则行事。有些人虽然设定好了规则，但具体执行时又随心所欲，最终功亏一篑。

有了上面的规则，我们可以进行如下枚举：

右　右　右　下　下　下

右　右　下　右　下　下

右　右　下　下　右　下

右　右　下　下　下　右

右　下　右　右　下　下

右　下　右　下　右　下

右　下　右　下　下　右

右　下　下　右　右　下

右　下　下　右　下　右

右　下　下　下　右　右

这样，一开始朝右走的有 10 种。在这道题里，由于开始朝右和开始朝下是对称的，我们可以充分利用问题的对称性来简化枚举过程。由此可知，一开始朝下走的也是 10 种，一共就是 20 种方法。

方法二：抽象法

如果说右、下让人容易搞错，不妨用"1"和"2"分别代表"右"和"下"，那么上面的每种走法就对应了一个由 3 个数字"1"和 3 个数字"2"组成的 6 位数，这样按照数从小到大枚举，出错的可能性会更小，如下：

1　1　1　2　2　2

1　1　2　1　2　2

```
1  1  2  2  1  2

1  1  2  2  2  1

1  2  1  1  2  2

1  2  1  2  1  2

1  2  1  2  2  1

1  2  2  1  1  2

1  2  2  1  2  1

1  2  2  2  1  1
```

同样，基于对称性，我们知道"2"开头的也有10种，因此一共有20种。这种做法实际上已经抽象了原来的方法，从而帮助我们利用数的大小和字典序来捋清顺序。

方法三：组合法

在上面的过程中，如果进一步观察，就会发现这些6位数有一个相同的特点，即数字"1"和数字"2"分别有3个。如果我任意选择3位放上数字"1"，剩下3位放上数字"2"，那么就等价于在3个数字"1"的位置向右走，而在3个数字"2"的位置向下走。反过来，任何一种走法都对应了一种数字排列方法。因此我们的问题就转化为：

在6个位置中任意选3个，有多少种不同的选法？

学过简单的排列组合就知道,选法有: $6 \times 5 \times 4 \div (3 \times 2 \times 1) = 20$ 种。

可以看到，对于任意一个规则的网格形状，我们从枚举法衍生出来的这种做法都能有效地解决问题。

方法四：标数法

标数法是一种"术"，其间隐藏的是逆向思维与加法原理。我们要掌握解决问题的"术"，更要理解解法背后的"道"。

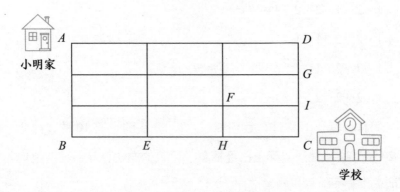

我们要到达 C，前面一步需要到达 H 或 I。从 H 和 I 到 C 都只有一种走法。因此：

从 A 到达 C 的最短路径条数 ＝ 从 A 到 H 的最短路径条数 ＋ 从 A 到 I 的最短路径条数

类似地，再往回推：

从 A 到达 H 的最短路径条数 ＝ 从 A 到 E 的最短路径条数 ＋ 从 A 到 F 的最短路径条数

从 A 到达 I 的最短路径条数 ＝ 从 A 到 G 的最短路径条数 ＋ 从 A 到 F 的最短路径条数

按这个做法一直往回推，我们只要知道最初一步的最短路径条数，就可以利用加法原理逐步求出后面到达每个节点的最短路径条数。逆向思维，正向求解，从而有了下面从左上角逐步往右下角走的标数法，结果当然也是 20 种。

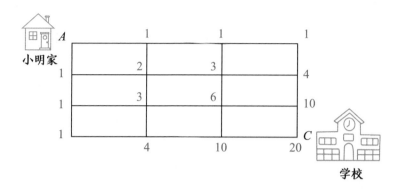

最后，比较一下标数法和组合法。其实两者适用的范围不一样。组合法只适用于网格形状的图形，而标数法更具普适性。但标数法所花的时间更多。

第 4 章

套路是我们的敌人

.

不少家长都喜欢批判套路，一副誓与套路划清界限的样子，但在具体情境中又无计可施，最终还是落入套路的陷阱。

可怕的数学套路学习法

到底什么是套路？我不能给出精确定义，但可以通过一个案例让大家细品。问题如下：

有 12 根长 1 米的棍子，现在要用这些棍子就着一面围墙圈一个长方形，请问圈出的面积最大是多少？

昍昍做这个题的时候在答题处写：$12 \div 3 = 4$，$4 \times 4 = 16$（平方米）。

我问他为什么是这个结果。他不假思索地回答："因为两个数相差越小，乘积越大。"

后来，我给小朋友们上课时，也有不少孩子都给出了跟昍昍相同的解释，因为老师教过。

可是，这句话是有前提的。我想了想，还是没有直接把这个结论强加给他们。我的做法是让孩子们先枚举一番。

昭昭很不情愿地开始枚举，一边做一边嘴里还咕哝着："我觉得答案肯定是16。"很快，他就把枚举的情况列了出来：

底＝10，高＝1，面积＝10

底＝8，高＝2，面积＝16

底＝6，高＝3，面积＝18

底＝4，高＝4，面积＝16

底＝2，高＝5，面积＝10

咦？面积最大的居然不是16，而是18。

为什么呢？两个数相差越小，乘积越大。这个结论有没有什么前提？

不理解一个结论的适用前提就直接使用结论，这种做法说明还没有学会套路，这也是"套路教学法"的危害之处。并不是老师没有讲前提，而是给出的练习题大多直接套用结论就能解决，孩子从而形成了思维定式，不再重视前提。一旦题目出现变化但依然形似，孩子做题时就很容易掉入套路的陷阱。

"两个数相差越小，乘积越大"这个结论是有前提的，即两个数之和不变。但是在这个问题里，由于有了围墙的存在，长方形的底和高之和不再固定不变。

那这个问题是不是不能运用已有的知识呢？并非如此。实际上，如果设底是 x，高是 y，那么 $x + 2y = 12$。虽然 x 与 y 的和不是一个定值，但 x 与 $2y$ 的和是定值。如果把 $2y$ 看成一个数，x 看成一个数，那么 $2y$ 和 x 的乘积最大值应该在 $2y = x$ 时达到，也就是 $x = 6$，$y = 3$ 时，$2y$ 和 x 的乘积达到最大值。既然 $2xy$ 在 $x = 6$，$y = 3$ 时是最大值，那么，xy 这时也是最大值。

有人看到我这个解题方法后批评我：居然没讲"镜子大法"，完全没讲透问题！

"镜子大法"是必需的吗

"镜子大法"就是将围墙当成一面镜子，让长方形 $ABCD$ 照个镜子，设其在镜子中的镜像为长方形 $ABEF$，从而长方形 $CDFE$ 中，长和宽的和（$CD + CE = 12$）为固定值。因此当 $CD = CE = 6$ 时，长方形 $CDFE$ 的面积最大。而长方形 $ABCD$ 的面积为长方形 $CDFE$ 面积的一半，当长方形 $CDFE$ 面积最大时，长方形 $ABCD$ 面积也最大。从而 $AD = 3$，$CD = 6$（如下图）。

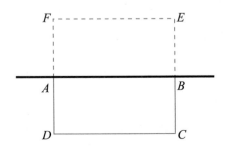

相对于不管适用前提而直接乱用结论的做法来说，"镜子大法"确实是在理解适用前提的基础上设计出的一种可行方案。

但问题是，一定要用"镜子大法"吗？下图这样的做法，多占一倍地盘不是也行吗？

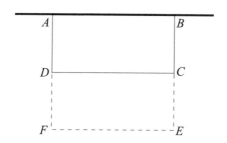

或者像下面这样把图形分成两半。长方形 $ADFE$ 中，$AD + DF = 6$ 为固定值，那么，当 $AD = DF = 3$ 的时候长方形 $ADFE$ 的面积最大，而长方形 $ABCD$ 的面积是长方形 $ADFE$ 面积的两倍，此时也达到最大值。

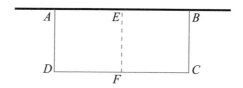

因此，解决问题的关键并不在于是否使用了"镜子大法"，而在于是否理解了"和固定"这一前提。"镜子大法"在这里只是一种特定方法而已。如果仅仅把"镜子大法"看作一种巧妙转化问题前提条件的方法是合适的。但如果非要把"镜子大法"和这类问题强行绑定，那就会把一个好方法变成许多人眼中的"套路教学"法，并不可取。

学会化归与转化

我把这个问题稍做修改，就有了下面的问题：

有 14 根长 1 米的篱笆，现在要就着如图所示的围墙圈一个长方形围栏，其中围墙的两段长度分别为 $AB = 1$ 米，$AC = 20$ 米，请问圈出的长方形围栏面积最大是多少？

在解决这个问题之前，我们要认识到：用了 AB 这段墙肯定比不用这段墙围出的面积大。

这个问题就不能直接用"镜子大法"了。当然，枚举法可以作为一个出发点，思路如下。

底	高	面积
13	1	13
11	2	22
9	3	27
7	4	28
5	5	25
3	6	18
1	7	7

可见，当底为 7，高为 4 的时候，面积最大（28）。

当然，枚举法的问题在于可扩展性差，如果有 10000 根这样的篱笆，那就很难枚举了。枚举法可以作为解决问题的出发点，但不可以成为终点。一个好的方法必须具备可扩展性。

因此，能否建立这个问题与之前"只有一面围墙"问题之间的联系，能否把这个未知问题转换成已知问题，是解决问题的关键。

既然一定要用 AB 这段墙，那我们不妨假设 AB 这段墙就是一根 1 米的篱笆，也就是把问题转变成：

我们一共有 15 根篱笆，要就着 AC 这面墙围一个长方形，要求面积最大。

这不就转变成之前"只有一面围墙"的问题了吗？

无论是用"镜子大法"，还是用我介绍的其他方法，我们都可以得出：底为 7，高为 4 时，面积最大。

当然，如果不这么转换，可以直接用代数的做法。如下页图，设高 $DE = a$，底 $FE = b$，那么有 $FB = a - 1$。因此 $a - 1 + b + a = 14$，从而 $2a + b = 15$ 为定值。

这个实际上也对应了我们上面的问题转化方法。既然 $2a + b = 15$ 为定值，我们可以将 $2a$ 看成一个数，因此当 $2a = 8$，$b = 7$ 时，$2a$ 和 b 乘积最大（注：$2a = 7$，$b = 8$ 时，a 不是整数，不符合要求），即 $a = 4$，$b = 7$ 时，面积最大（$4 \times 7 = 28$）。

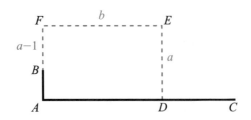

　　在上面这个问题里，什么是套路呢？如果仅仅知道"镜子大法"而不会转化，这就是只习得了我们所说的"套路"。但是如果把"镜子大法"或"只有一面围墙"的问题作为已知问题，能将未知问题转化为自己已经会求解的已知问题，这是一种活用套路的能力，是应该提倡的学习方法。

　　总结一下，很多结论的成立都是有前提约束的，如果抛开前提，那结论就不一定成立了。孩子们常常不注意问题的前提约束，只记得最后的结论，碰到长得有点儿像的问题就套用结论，这值得警惕。

　　不过，这并不代表已学会的知识失效，很多问题换了个"马甲"，不能直接运用已有的结论，需要我们做一些简单的转化，变成我们熟知的满足前提约束的问题模型。

　　这便是化归与转化，是数学解题里最重要的能力之一。

　　看到这里，如果你觉得已经掌握了我说的方法，那可以再试一下围栏问题的另一个变形：

　　有 14 根长 1 米的篱笆，现在要就着如图所示的围墙圈一个长方形围栏，其中围墙的三段长度分别为 $AB = 1$ 米，$AC = 10$ 米，$CD = 2$ 米，请问圈出的长方形围栏面积最大是多少？

与围栏问题相关的，还有下面这道题：

用 1，2，3，4，5 这 5 个数字组成一个两位数和一个三位数，怎样才能使得这两个数的乘积最大？

刚给出这道题的时候，不少同学告诉我：可以用 U 型图。但有一个同学问我，为什么 U 型图是正确的？她说培训机构的老师没有讲。她问我，我也答不上来。因为所谓的 U 型图属于纯粹为解题设计的记忆工具，完全没有必要去学。

还有一些同学说差小积大，这道题的答案可以是 53×421。

但问题是，交换 5 和 4 的位置，两数的和固定吗？显然 $53 + 421 \neq 43 + 521$。和不固定，就不能用差小积大的结论。

那我们能不能将这个问题转换成符合"差小积大"前提要求的问题呢？那就需要 4 和 5 都在百位上，而 3 和 2 都在十位上。但这样，个位就只剩数字 1 了，我们还需要一个数字。所以，我们可以加一个数字 0，也就是用 0，1，2，3，4，5 这 6 个数字组成两个三位数，让这两个数的乘积最大。显然，百位应该是 5 和 4，十位是 2 和 3，个位是 1 和 0。当然，这样的组合有 4 组，分别为（520，431），（521，430），（530，

421），（531，420），但无论如何，这 4 组数的和相等，即为 951。因此，可以运用差小积大的结论，即当两个数分别为 520 和 431 时乘积最大。而原问题（52×431）的乘积就是这个问题结果的十分之一。

背后的原理

再回到最初的问题：两个数的和固定，差小积大。为什么呢？

证明这个问题，中学生可以用均值不等式。

$$a + b \geqslant 2\sqrt{ab}$$

因此：

$$ab \leqslant \left(\frac{a + b}{2}\right)^2$$

上式中，等号当且仅当 $a = b$ 时取得。

如果不知道均值不等式也没有关系。我们可以假设 $a + b = 2m$，那么如果两个数不等，一定可以表示成 $m + h$，$m - h$，从而乘积为 $(m + h)$ $(m - h) = m^2 - h^2$，当 h 越小，两数的乘积就越大。

但如果没有学过均值不等式或者上面的代数方法，那能不能用别的方法证明呢？当然可以，我们用小学四年级学生能理解的数形结合方式就可以证明。

我们可以把 a 和 b 分别看作长方形的长和宽，问题变成在长 + 宽的和固定时，求其面积 ab 的最大值。

最直观的方式是如下页图所示，先限定边长为整数，然后进行枚举观察，归纳出结论，最后予以证明。

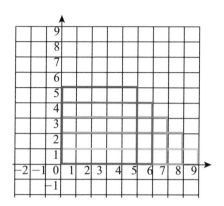

我们可以假设有如下的两个长方形 $ABCD$ 和 $EBFG$，满足 $AB + BC = EB + BF$，不妨假设其长度关系满足 $BF > BC \geq AB > EB$。

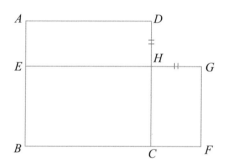

由于 $AB + BC = EB + BF$，因此 $AE = CF$，即 $DH = HG$。

$S_{ABCD} = S_{EBCH} + S_{AEHD}$

$S_{EBFG} = S_{EBCH} + S_{HCFG}$

$S_{AEHD} = AD \times DH$

$\qquad = BC \times DH$（因为 $AD = BC$）

$\qquad \geq AB \times DH$（因为 $BC \geq AB$）

$$>BE \times DH \ (\text{因为 } AB > BE)$$

$$= HC \times HG \ (\text{因为 } BE = HC, \ DH = HG)$$

$$= S_{HCFG}$$

因此，$S_{ABCD} > S_{EBFG}$

数学之外的话题

最后，我们来看一个与数学无关的问题：

英语老师在讲 such...that... 和 so...that... 的时候会反复强调：so 后面跟的是形容词，such 后面跟的是名词。

It is ___ good exhibition that I went there twice.

听了老师反复强调的结论以后，孩子就在上面的空格里直接填上 so，因为后面的 good 是形容词。但实际上，此处应该填 such a，因为这里后面的形容词 good 是修饰 exhibition 的，good exhibition 整体上看是个名词。所以，纯粹记套路而罔顾前提，不仅在数学上是有危害的，在任何学科上都是这样。

第5章

没有葫芦怎么画瓢

不少人习惯于做见过的题型，碰到没见过的题型就容易心生畏惧，其实掌握了解题方法后就可以消除这种忧虑和恐惧心理。下面我介绍两种求解问题的方法：从条件开始正向搜索和从问题开始逆向搜索。

正向搜索

学计算机的人都知道，10 月 24 日是程序员节，为什么要定这一天呢？这是因为计算机使用二进制表示数和信息，而 $1024 = 2^{10}$。

所谓二进制，就是逢二进一，只需要用 0 和 1 两个数字来表示一个数。与二进制有关的数学题有许多，下面就是一个比较有趣的数学题：

一家水果店里有 1000 个苹果，10 个箱子，他们要把苹果分装到箱子里，以便应付明天到店里来的一个重要且古怪的客户。这个客户来购买苹果，他可能要 1000 或 1000 以内的任一数量的苹果。比如，他可能要 501 个，也可能要 900 个。尤其麻烦的是，无论他要多少个，都不能拆箱，要整箱整箱地搬，请问应该如何分装这 1000 个苹果呢？

有个孩子一看完就说：我会！用二进制，以前老师讲过类似的题目……

这个孩子能识别出问题模式，并且能用以前习得的方法解决类似问题，这也是学习的一大目标。

但如果没见过这种问题怎么办？没有见过葫芦，怎么画瓢呢？

不用慌！稍加分析就会有眉目。我们可以从最小的数开始探索。

客户可能要 1 个苹果，因此，必须有 1 个苹果单独装箱。

客户可能要 2 个苹果，此时就有两种选择——在第二个箱子里装 1 个苹果（现在有两个箱子各装 1 个苹果），但是这样只能满足客户要 1 个和 2 个苹果的需求；如果我们在第二个箱子里装 2 个苹果，那么，就可以满足客户对 1，2，3 个苹果的需求。因此，第二种方案更好。

客户可能要 4 个苹果，此时可以在第三个箱子中装入 1，2，3 或 4 个苹果。显然，装 4 个苹果可以满足客户 1，2，3，4，5，6，7 个苹果的需求，能够满足的需求最多。

依此类推，可以知道，在 10 个箱子中分别装 1，2，4，8，16，32，64，128，256，489 个苹果就能满足客户的要求。

一般问题解决到这一步就基本结束了。但我要再追问一句：如果客户随便提出一个需求，那么售货员该如何选箱子呢？

比如，客户提出购买 78 个苹果的需求。由于 78 = 64 + 8 + 4 + 2，因此，可以选分别装有 2, 4, 8, 64 个苹果的这 4 箱。问题是，选法是否唯一？

对于 78 来说，确实只有一种选法。因为我们给的 1，2，4，8，$\cdots$，256 对应的是二进制的 1，10，100，$\cdots$，100000000。将十进制的正整数转换成二进制，可以将该正整数除以 2，得到的商再除以 2，依此类推，直到商等于零为止，最后按余数出现的顺序从后往前写成二进制数即可。

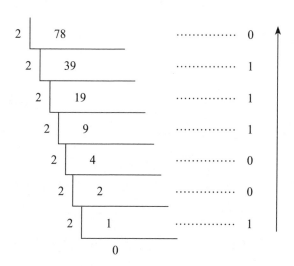

78 转换成二进制只有一种表示方法，就是 1001110，因此，所选的箱子就是转换成二进制后 1 所在位代表的权值。在这里，从左到右，1 代表的值分别为 2^6=64，2^3=8，2^2=4，2^1=2，即取装有 64，8，4，2 的 4 箱苹果即可。

但是，如果客户提出购买 489 个苹果的需求，那就可以直接把装有 489 个苹果的这个箱子分给客户；当然，如果不嫌麻烦，可以将 489

转换成二进制：111101001，也就是可以取装有1，8，32，64，128，256个苹果的这6箱。

因此，如何满足客户的需求，我们可以根据客户提出的苹果需求数 x 分为三种情况：

(1) $x < 489$，只有一种取法，直接将 x 转换成二进制数，然后取1所在的二进制位的权值所对应的苹果数；

(2) $489 \leqslant x \leqslant 511$，可以有两种取法，一种是取一箱装有489个苹果的，剩下 $x - 489$ 个苹果按照二进制的做法取；另一种是不取489这一箱，直接将 x 转换成二进制后取苹果；

(3) $x \geqslant 512$，只有一种取法，一定需要取一箱装有489个苹果的才能满足需求，剩下的 $x - 489$ 个苹果按照二进制的做法取。

有人问，为什么一定是二进制？三进制行吗？我们得首先明白什么是二进制，什么是三进制。

我们以76为例，用二进制表示为：$76 = 2^6 + 2^3 + 2^2$，而其三进制表示为：$76 = 2 \times 3^3 + 2 \times 3^2 + 1 \times 3^1 + 1 \times 3^0$。由于任何一个数都可以用2的幂次之和来表示，我们只需要给每个箱子装上2的不同幂次的数量就能满足要求；但用三进制时，假如我们只在每个箱子装上3的不同幂次的数量，那么像76这样的数就没办法用3的不同幂次之和来表示。

事实上，任何一个数转换成3进制的形式如下。

$$a_n \times 3^n + a_{n-1} \times 3^{n-1} + \cdots a_1 \times 3^1 + a_0 \ (a_i = 0, \ 1, \ 2, \ \text{且} \ a_n \neq 0)$$

也就是说，对于任何一个 3 的幂次的苹果数，只提供一个箱子是不行的，而是应该在两个箱子中都装上相同的 3 的幂次的苹果数。因此，如果用三进制表示，需要装箱的数量为：1，1，3，3，9，9，27，27，…

这种方式显然没有往每个箱子装 2 的幂次的苹果数简单。

逆向搜索

我们先看这样一道平面几何题：

已知图中甲的面积比乙的面积多 120 平方米，求图中 CE 的长度。

为了求得 *CE* 的长度，我们可以从问题出发进行逆向思考。假如我们能求出 *BE* 的长度，那么 *CE* 的长度就是 *BE* − 20。

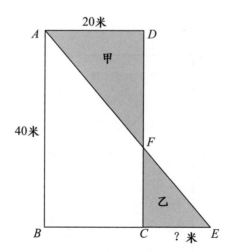

而要求得 BE 的长度，那只要求出 $\triangle ABE$ 的面积即可。

$$S_{\triangle ABE} = S_{ABCF} + S_{\triangle CEF}$$

$$= S_{ABCF} + S_{\triangle ADF} - 120$$

$$= S_{ABCD} - 120$$

$$= 20 \times 40 - 120$$

$$= 680$$

$S_{\triangle ABE} = BE \times AB \div 2$，代入相关数据，可得：

$$BE = 680 \times 2 \div 40 = 34$$

因此，$CE = 34 - 20 = 14$。

除了上面的做法，如果我们做如下图所示的辅助线，那么为了求得 CE 的长度，我们也可以先求得长方形 $CDGE$ 的面积。

$$S_{FLGD} = S_{\triangle AGE} - S_{\triangle ADF} - S_{\triangle EFL}$$

$$= S_{\triangle ABE} - S_{\triangle AHF} - S_{\triangle CEF}$$

$$= S_{BCFH}$$

因此，$S_{CDGE} = S_{BELH}$

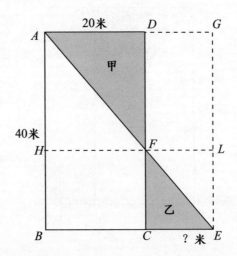

长方形 *BELH* 的长与宽都未知，显然面积无法直接求出。但长方形 *ABCD* 的面积为 800 平方米是可以直接求出的，并且题目还告诉我们甲的面积比乙的面积大 120 平方米，这为我们求长方形 *BELH* 的面积提供了线索。

$$S_{BELH} = S_{BCFH} + 2S_乙$$
$$= S_{BCFH} + 2S_甲 - 240$$
$$= S_{ABCD} - 240$$
$$= 800 - 240$$
$$= 560$$

因为，$S_{CDGE} = S_{BELH} = 560$

所以，$CE = 560 \div 40 = 14$

再来看一个空间思维的问题。

老师用 10 个 1cm×1cm×1cm 的小立方体摆出一个立体图形，它的正视图如下页左图所示，且图中任意两个相邻的小立方体至少有一棱边（1cm）共享，或有一面（1cm×1cm）共享，老师拿出一张 3cm×4cm 的方格纸（如下页右图），请小荣将此 10 个小立方体依正视图摆放在方格纸中的方格内，请问小荣摆放完后的左视图有几种？

（小立方体摆放时不得悬空，每一个小立方体的棱边与水平线垂直或平行，经过平移完全重合的算同一种左视图。）

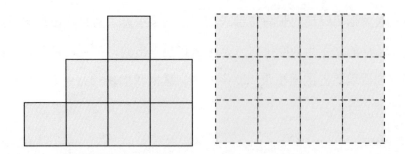

　　这个问题当然可以从条件开始，摆出各种符合正视图的 10 个方块组合，然后再给出每一种摆法的左视图，最后得到结果。但问题是符合要求的组合有点儿多。

　　我们不妨换个角度，直接从结果开始搜索。题目要求左视图有多少种，而左视图最终被限制在一个 3×3 的网格内，可能的情况并不多。如果我们能列出所有情况，并且确定哪些是可能的、哪些是不可能的，那问题就解决了。

　　由于正视图从上到下是 1 + 3 + 4，也就是说可以看到 8 个小立方体。小立方体的总数是 10 个，除了前面说的 8 个，还有 2 个只能在从下往上的第 1 层或第 2 层位置，不可能在最上面一层，否则就会有悬空的小立方体。

　　因此，从上到下的小方块数量只可能是 1 + 3 + 6 和 1 + 4 + 5。

　　这表明，在左视图中，最上面一层只可能有 1 个小立方体。

　　左视图中小立方体三层摆放构造可能是 1 + 3 + 3，1 + 2 + 3，1 + 1 + 3，1 + 2 + 2，1 + 1 + 2，每一种的所有可能如下图所示。（注：1 + 1 + 1 不可能，因为最底层至少有 5 个小立方体，在左视图中至少能看到 2 个。）

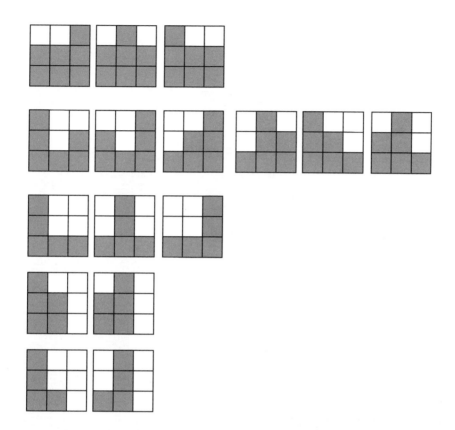

　　此外，针对上面的每一种左视图，都可以很方便地构造出一种满足要求的摆法。因此，最终的结果就是 16 种。

第6章

类比与归纳

当孩子碰到一道没有做过的数学题时，他往往不会立刻就想到解法。那么，遇到陌生题型时，该如何解题呢？小学阶段，类比与归纳是两大"法宝"，前面已经简要提及，这里将通过两个例子深入讲解这两种方法的价值。

从一维到二维再到三维

下面这道题是我做过的最经典问题之一。

n 条直线最多把平面分成多少个部分？

如果没有思路，那可以从最简单的数开始试。

直线条数	最多将平面分成的块数
0	1
1	2
2	4
3	7
4	11

观察上面的规律，1，2，4，7，11，后面一个应该是 16。

归纳一下，n 条直线最多把平面分成的块数为：$(n-1)$ 条直线最多把平面分成的块数加 n。

从而，n 条直线一共把平面分成的块数为：$1 + 1 + 2 + 3 + \cdots$

$+ n = \dfrac{n(n+1)}{2} + 1$。

验算一下：当 $n = 1$，$n = 2$，$n = 3$ 时，最多可将平面分成的块数分别是 2，4，7，对照表格，正确。

解题到这当然不算结束，因为核心问题还没有解决。

我们刚才的归纳只是一种猜测，还需要证明其正确性。为什么 n 条直线最多把平面分成的块数是在 $(n-1)$ 条直线最多分的块数基础上加 n 呢？这就涉及"直线—交点—线段—平面"之间的关系。

我们知道，如果一条直线上有 n 个点，那么这些点将把这条直线分成 $(n+1)$ 段。

原来有 $(n-1)$ 条直线，加上第 n 条直线后，这第 n 条直线最多与之前的 $(n-1)$ 条直线有 $(n-1)$ 个交点，这些交点将把第 n 条直

线分成 n 段。而每一段都将把原来的一个区域一分为二，因此多出了 n 块。下面给出了 $n = 3$ 时的示意图。

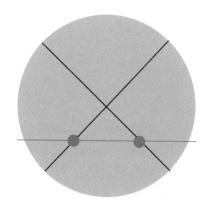

如果是应试，这个问题就结束了。但如果是平时，我们还得多想一点。

如果不是直线，而是封闭的圆形，那么会如何? 比如下面的问题:

n 个圆最多把平面分成多少个部分?

同样，我们可以先小规模尝试并归纳。

圆的个数	最多将平面分成的块数
0	1
1	2
2	4
3	8

很多人据此就开始归纳：每多一个圆，最多将平面分成的块数将比之前翻倍。

如果继续画 4 个圆，就发现怎么都分不出 16 块。所以，归纳是经验的总结，但有的时候并不一定正确。

4 个圆，我们最多只能分出如下图所示的 14 个区域。

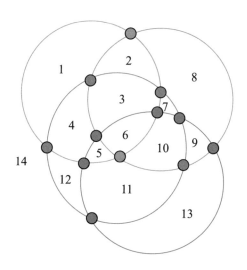

因此，我们得到了 1，2，4，8，14 这个数列。猜测一下，后面一个数字应该是多少？答案是 22。

如果在 $(n-1)$ 个圆的基础上增加一个圆，那这个圆最多与前面的 $(n-1)$ 个圆有 $2(n-1)$ 个交点（如上图所示，第 4 个红色圆加上去后，最多与前面的 3 个圆都相交，一共有 6 个红色的交点），这 $2(n-1)$ 个交点把第 n 个圆分成 $2(n-1)$ 段（注：封闭图形），每一段都把原来的一块一分为二，因此最多可以多分出 $2(n-1)$ 块。

据此，n 个圆最多将平面分成：

$$1 + 1 + 2 + 4 + \cdots + 2\,(n - 1) = 2 + n\,(n - 1) \quad (n \geq 1)$$

所以，这类问题的关键是看有几个交点。

如果把圆换成三角形，又如何呢？

n 个三角形最多可以把平面分成多少个部分？

那我们就要考虑下面的问题：两个三角形最多有多少个交点？

答案是 6 个。

因此，如果是在 $(n - 1)$ 个三角形的基础上再增加 1 个三角形，那这个三角形和之前的 $(n - 1)$ 个三角形最多可以有 $6\,(n - 1)$ 个交点，可以把第 n 个三角形分成 $6\,(n - 1)$ 段，因此多分出 $6\,(n - 1)$ 块。

当然，这样的问题还可以继续变化。

1 个三角形、3 个圆最多可以把平面分成多少个部分？

这个问题，如果画图会比较吃力，很少有人能画正确。你尝试一下就会知道，要让三角形与每个圆都有 6 个交点，这并不容易。

理论上，我们可以这么分析：先画 3 个圆，最多把平面分成 8 个部分，然后再加 1 个三角形，这个三角形与每个圆最多有 6 个交点，总共最多有 18 个交点，这些交点将把这个三角形分成 18 段，因此多分出 18 块，总共把平面分成 8 + 18 = 26 块。具体如下图。

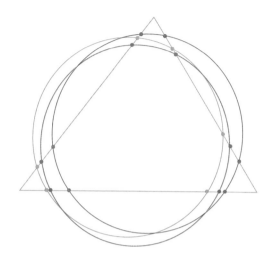

如果把直线、圆和三角形混合起来，难度就会继续升级。

在一个无限大、无边界的平面上画 1 条直线，可以把平面分成 2 部分；在平面上画 1 个三角形，也可以把平面分成 2 部分。那么，在平面上画 1 个三角形、2 个圆和 2 条直线，最多可以将平面分成几部分？

我们还是按照老思路来做。

第一步：2 个圆把平面分成 4 块。

第二步：加 1 个三角形，与前面两个圆最多有 12 个交点，这 12 个交点将把三角形分成 12 段，因此多分出 12 块，最多分成 12 + 4 = 16 块。

第三步：再加 1 条直线，与两个圆和一个三角形可以最多分别有 2 个交点，共 6 个交点，这 6 个交点将这条直线分为 7 段，因此可以多分出 7 块，最多分成 $16 + 7 = 23$ 块。

　　第四步：再加 1 条直线，与两个圆和一个三角形可以最多分别有 2 个交点，与之前的直线最多有 1 个交点，最多共 7 个交点，这 7 个交点将这条直线分成 8 段，因此可以多分出 8 块，最多分成 $23 + 8 = 31$ 块。

当然，我们也可以从直线开始。

　　第一步：2 条直线最多把平面分成 4 块。

　　第二步：加 1 个圆，与两条直线最多有 4 个交点，这 4 个交点将圆分成 4 段，多分出 4 块，因此最多分成 $4 + 4 = 8$ 块。

　　第三步：再加 1 个圆，与两条直线最多有 4 个交点，与前一个圆最多有 2 个交点，因此最多有 6 个交点，这 6 个交点将圆分成 6 段，从而可以多分出 6 块，因此最多分成 $8 + 6 = 14$ 块。

　　第四步：再加 1 个三角形，与前面的两个圆最多有 12 个交点，与两条直线最多有 4 个交点，一共最多有 16 个交点，这 16 个交点把三角形分成 16 段，多分出 16 块，因此最多分成 $14 + 16 = 30$ 块。

咦，两种做法，一个最多分成 31 块，一个最多分成 30 块，怎么结果不一样呢？为什么顺序不一样，结果竟然不同呢？

问题其实出在这里：如果我们先放圆，这时把平面分成了 2 部分，再加 1 条直线，虽然 2 个交点把直线分成了 3 段，但圆外的两段并没有多分出两块，而是只多分出 1 块，如下图所示。

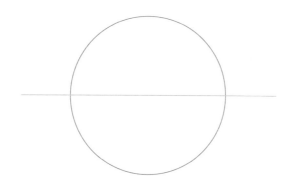

而如果像下图这样一端不出去，那么实际上左边的这段橙色射线并没有把圆外的区域一分为二。

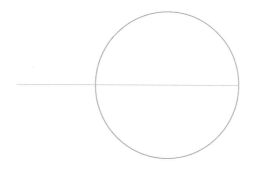

反过来，如果先放一条直线把平面分成 2 部分，再放上一个圆，那么圆被分成 2 段，每一段都把原来的区域一分为二。

因此，上述问题的正确答案应该是 30，而不是 31。

有了这些以后，如果把这个问题从平面拓展到空间呢？

n 个平面最多把空间分成多少个部分？

这个问题，我们也可以从头开始尝试。

平面个数	最多将空间分成的块数
0	1
1	2
2	4
3	8

如果就此归纳出 4 个平面最多可以把空间分成 16 部分，那就又错了。有孩子用豆腐或橡皮泥切了半天，发现怎么切都切不成 16 块，最多只能切 15 块。

如果我们从点分直线成线段、线段分平面成区域这一思想衍生过来，就会发现这个平面分空间问题的求解思路也可以类比直线分平面的做法。

在直线分平面的问题中，我们通过多出的线段来分析增加一条直线后多分出的平面数；那在平面分空间的问题中，我们是不是也可以通过多出的平面来分析增加一个平面后多分出的空间数呢？

在 3 个平面的基础上增加 1 个平面，那么前面 3 个平面最多和这个平面有 3 条交线，这三条交线将把第 4 个平面最多分成 7 部分（由直线分平面的结论得到），每一部分将把原来所在的空间一分为二，因此在 8 块的基础上多分出了 7 块，也就是说 4 个平面最多把空间分为 $8 + 7 = 15$ 部分。

一般化地，第 n 个平面将和前面 $n - 1$ 个平面有 $n - 1$ 条交线，根据直线分平面的规律，这 $n - 1$ 条交线最多把第 n 个平面分为 $\dfrac{n(n-1)}{2} + 1$ 个区域，从而能比 $n - 1$ 个平面多分出 $\dfrac{n(n-1)}{2} + 1$ 块空间。

因此，n 个平面最多将空间分成的块数 $f(n)$ 满足下面的递推关系：

$$f(1) = 2$$

$$f(n) = f(n-1) + \frac{n(n-1)}{2} + 1 \quad (n \geqslant 2)$$

从特殊到一般

从特殊到一般是我们求解未知数学问题时经常采用的一种做法。实际上，这种方法也就是从特殊情况先归纳出结论，然后给予严格证明。如果是选择题，那么许多时候特殊情况就可以帮助我们做出正确的选择。如果是一般性的问题，特殊情况也可以为一般化的解答提供非常有益的线索。当然，也需要注意，有时特殊情况的结果会产生误导。

绿色大正方形的一个端点和边长为 1 的蓝色正方形的中心重合，请问两个正方形重叠部分的面积是多少？

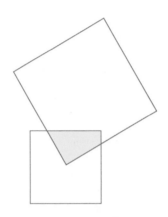

　　分析：如果这是个选择题或填空题，那么我们完全可以把大正方形旋转至如下所示的两个位置，从而得到重叠部分的面积为小正方形面积的 $\dfrac{1}{4}$。

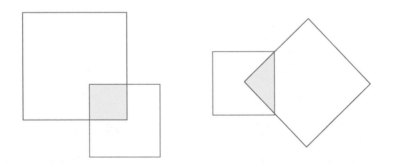

　　但如果是解答题，这样做是不够的，我们需要更一般化的普适证明。如下图所示，△OAE 和△ODF 全等（或者，△OAE 由△ODF 绕 O 点逆时针旋转 90°而得），因此两者面积相等，从而两个正方形重叠

部分的面积即为△OAD的面积，即为小正方形面积的$\dfrac{1}{4}$。

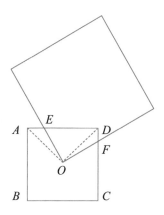

类比上面这个思路，完全可以解决下面的题：

在下图中，三个大正方形的一个端点与边长为 1 的正方形的中心重合，请问橙色部分的面积是多少？

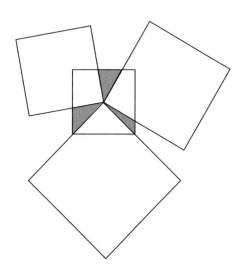

我们当然也可以通过旋转的方式将三个大正方形都旋转至水平位置，从而可知橙色部分为小正方形面积的 $\dfrac{1}{4}$。

当然，根据上一道题的结论，我们可以给出一般化解答。每个大正方形和小正方形重叠部分的面积为小正方形面积的 $\dfrac{1}{4}$，从而橙色部分面积为 $1 - \dfrac{1}{4} \times 3 = \dfrac{1}{4}$。

基于上面的思想，大家可以思考下面这道题：

如下图，4 个等边三角形的一个端点与一个正六边形的中心重合，请问图中橙色部分的面积占正六边形的几分之几？

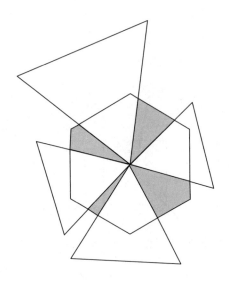

再来看一个问题：

如图所示，图中矩形面积为 96，求黄色区域的面积。

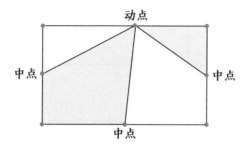

不少人看到动点会感到慌，为什么呢？因为它不固定，会动啊。事实上，正是因为它会动，我们才可以让它移动到特殊的位置，从而帮助我们快速得到可能的答案。

例如，如果我们将动点移动到最右边，那么右上角的黄色三角形就变为面积为 0 的一个点，从而很容易就能看出剩下部分的黄色区域面积为整个长方形面积的一半。

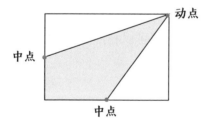

或者，我们可以让动点运动到最左侧，从而左下角的黄色区域从不规则四边形变成了直角三角形。两个黄色区域的面积均为长方形的 $\frac{1}{4}$，加起来是长方形面积的 $\frac{1}{2}$。

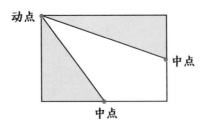

又或者，我们可以让动点运动到中间，从而右上角的黄色区域可以补到左上角，从而涂色区域的面积就是整个长方形面积的一半。

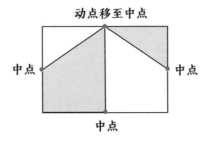

在这个基础上，如何一般化证明？既然知道阴影部分面积是整个长方形面积的一半，那我们可以利用图中 E、F、G 分别是三边中点的事实。

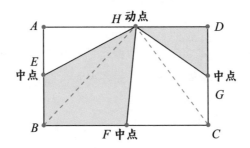

如图，连接 HB、HC，则有：

$S_{\triangle HAE} = S_{\triangle HBE}$

$S_{\triangle HDG} = S_{\triangle HCG}$

$S_{\triangle HBF} = S_{\triangle HCF}$

从而可知，黄色区域的面积是整个长方形面积的一半。

第 7 章
问题的抽象、转化与分解

　　有些问题乍一看，好像并不是一个明显的数学问题，这就需要我们分析问题背后隐藏的元素，通过问题的抽象与转化，建立起合适的数学模型后再求解。数学解题能力的提升，重在提升抽象能力、转化能力和问题分解能力。

问题的抽象——独轮车小侦探

下面是一道非常有趣的情境数学题。

　　在一个数学家自行车店，独轮车的轮子不是圆形的，而是正多边形的。所有的独轮车的轮子宽度都相同。

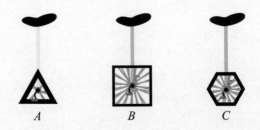

某天早上，你发现有人在夜间拿走了两辆独轮车，并轧过了一条湿的红色颜料带，留下了这些痕迹。

请问，此人可能拿走了 A，B，C 中的哪两辆独轮车？（注：轮子轧过红色颜料带后红色颜料将粘在轮子相应的位置。）

这个题很有趣，但也很考验读题和分析问题的能力。我们不少考试中的数学题看起来都干巴巴的，缺乏趣味性。但增加了这样的情境后，不少人又开始蒙了：这跟数学有什么关系呢？这就需要我们挖掘现象背后的数学元素，把它抽象成一个数学问题。

这个问题中有几个关键点，其中有两点是比较容易观察到的。

一是轮子的宽度相同。假如设轮子的宽度为 1 的话，那么 A 的周长是 3，B 的周长是 4，C 的周长也是 3（为什么是 3？读者可自行证明）。

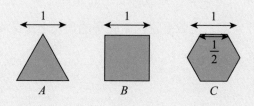

二是轮子的红色印记。为什么过一段距离留下个红色印记？什么时候会留下红色印记？显然，轮子转一圈后会留下一个红色印记，也就是两个印记之间的距离等于轮子的周长。

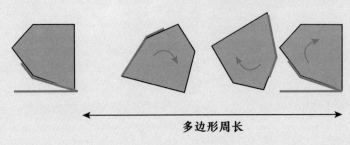

多边形周长

从留下的痕迹来看，两个轮子留下的印记距离不一样，也就是周长不相等。因此，拿走的要么是 A，B，要么是 B，C。答案是给出来了，但理解还不够深入，如果 C 是个五边形，那么 B，C 还是可选的答案吗？

这里很容易遗漏另一些关键信息。为什么图中要画出那么多轮子印记？画出的这些印记能告诉我们什么？听上去是不是有点儿福尔摩斯探案的感觉？

第一个印记是两个轮子在同一位置轧出，最后结束的时候又是两个轮子在同一个地方轧出印记，如果要接着往下画轮子印记的话，那么应该是重复前面的印记。重复印记时，第一个轮子经过了 3 圈，第二个轮子经过了 4 圈，也就是说两个轮子的周长之比是 4：3。我们从而可以确认答案是 A，B 或 B，C。

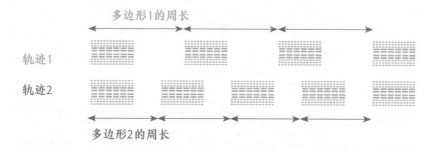

最后，把这个问题逆向思维一下。如果说拿走的是一个周长为3的三角形、一个周长为4的正方形和周长为8的八边形，那么第一次三个轮子在同一个地方轧出印记开始，第二次三个轮子在同一个地方轧出印记是在什么位置？这个问题就留给读者思考了。

问题的抽象——老鼠和迷宫

再看下面这道有趣的题：

一只老鼠能从下面迷宫的任意一个房间开始去收集奶酪。一旦它走过了一条走廊两端的任何一扇门，这扇门就关闭并锁上，它便无法再次穿过这扇门。请问，这只老鼠最多能得到多少块奶酪？

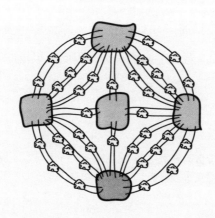

这也是一个把数学问题融入趣味小故事的案例。可以把5个房间看成5个顶点，每条走廊看成连接两个顶点的一条边，从而就把这个小问题抽象成了图论问题。

如果能不重复地走过每条边，那么可以吃到所有奶酪（36块）。但问题是，老鼠能不能不重复地走过所有边呢？这就是个一笔画问题。我们知道，一幅图能不能一笔画取决于奇点[1]的个数：图中奇数顶点的个数为0或2时可以一笔画，否则不行。

在下图中标出所有5个顶点的度数[2]：7，7，7，7，4。由于有4个奇点，无法一次走遍所有的边，因此老鼠肯定吃不到36块奶酪。

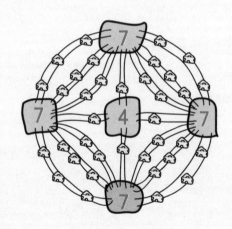

如果去掉一条只有一块奶酪的边，那么会得到下面的图。这个图仍然有4个奇点，无法走遍所有边。因此，老鼠吃到35块奶酪也是妄想。

---

① 奇点：表示点的度数为奇数的顶点。
② 度数：表示一个点所连的边数。

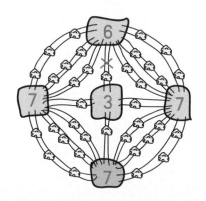

那么如果想吃到 34 块奶酪呢？可以去掉一条 2 块奶酪的边，或去掉 2 条一块奶酪的边，结果将得到下面两幅图。这两幅图都只有两个奇数点，因此都可以一笔画。

一笔画的方法是从奇点出发，到奇点结束。因此，如果老鼠够聪明，就可以吃到 34 块奶酪。

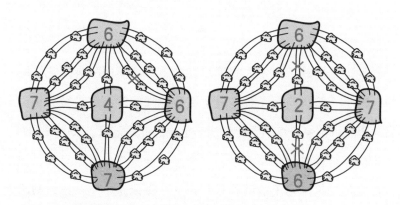

问题的转化——对偶图 ① 的一笔画

感觉自己已经学会问题的转化了？那再来看一个问题。

---

① 对偶图：设 G 是平面图，在图 G 的每个面中指定一个新节点，对两个面公共的边，指定一条新边与其相交，由这些新节点和新边组成的图称为 G 的对偶图。

能否遵循下面的规则画一条连续的线与下图中所有边都相交？

规则：

● 你可以从图中除了顶点和边之外的任何位置开始画；

● 一旦你开始画，就必须一笔画完；

● 你画的这条线只能与每条边相交一次；

● 这条线不能经过任何一个顶点。

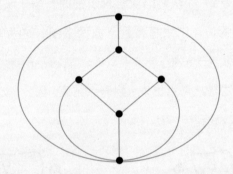

看到这个问题，很多人的第一直觉是它与前面的老鼠吃奶酪问题类似，属于一笔画问题。有些同学不假思索就对原图进行分析：原图一共6个点，都是奇点，因此无法一笔画。此题无解。

这样下结论显然是草率了。这个问题确实与一笔画有关，但对原图直接应用一笔画得出的结论只是说这个图无法一笔画出，与原问题的要求不符。

实际上，图中一共有6个区域，当穿过一条边时，我们从一个区域到达另一个区域。

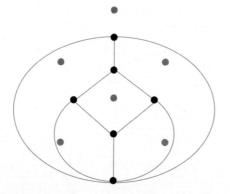

　　如果每个区域用一个点表示，如果两个区域之间存在一条公共边，则用一条边相连，可以得到下面的图。

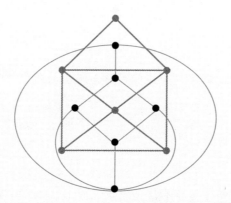

　　问题从而变成了能否对下面的图一笔画。这个图的学名叫作原图的对偶图。

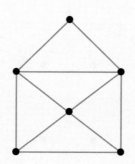

这个图中一共有 6 个点，其中 4 个偶点、2 个奇点，因此可以一笔画。起点和终点分别为 2 个度数为 3 的顶点即可。下图对应了原始图的一种画法。

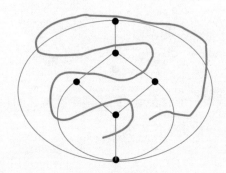

有了上面的讨论，不妨试试下面的问题。

遵循下面的规则画一条连续的线与下图的所有边都相交。

● 你可以从图中除了顶点和边之外的任何位置开始画；

● 一旦你开始画，就必须一笔画完；

● 每条边只能被穿过一次；

● 你不能穿过任何一个顶点。

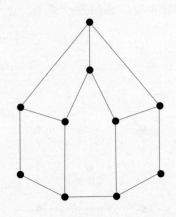

请问：最少要从上图中移除几条边，才能确保画一条连续的线可以穿过所有的边？

A. 0 条　　　　　B. 1 条　　　　　C. 2 条

D. 3 条　　　　　E. 4 条　　　　　F. 5 条

问题的分解——行程问题

有些问题看似复杂，但其实可以分解为几个子问题，每个子问题都是大家能够解决的简单问题。最后，将子问题通过某种方式组合，就可以得到复杂问题的解。这种分而治之的方法，是我们处理复杂问题的一大"法宝"。我们以一个行程问题为例来介绍问题的分解。

在河流上游 A 地有一艘巨轮，旁边有一艘巡逻小艇，小艇不停地从巨轮船头划到船尾再从船尾划到船头（小艇不计长度）。与此同时，在下游 B 地有一艘小船（小船不计长度），巨轮和小船同时出发，相向而行，出发时小艇与巨轮的船头恰好都在 A 地，当小艇第一次回到巨轮船头时，恰与小船相遇；当小艇第 7 次回到巨轮船头时，巨轮船头正好抵达 B 地。如果巨轮出发时水速变为原来的 2 倍，当小艇第 6 次回到巨轮船头时，巨轮船头正好抵达 B 地，那么，静水中小船的速度是水流原来速度的多少倍？

第一眼看到这个问题，很多同学会觉得头皮发麻。这又是巨轮又是小艇，又是静水又是流水，又是相向运动又是同向运动，太复杂了。

实际上，这个问题可以分为多个子行程问题。

子问题一：小艇与巨轮的相向运动

子问题二：小艇与巨轮的同向运动

子问题三：巨轮与小船的相向运动

子问题四：巨轮的行程问题

我们假设 $V_轮$、$V_艇$、$V_船$ 分别代表巨轮、小艇和小船在静水中的速度，而 $V_水$ 表示原来的水速，L 表示巨轮长度。

首先考虑小艇与巨轮的相向运动与同向运动。小艇从轮船头划到轮船尾是相向运动，此时巨轮是顺水，小艇是逆水，再从轮船尾划到轮船头为同向运动（追及问题），此时巨轮和小艇都是顺水。小艇行驶一个来回总共花的时间 t 为：

$$t = L \div (V_轮 + V_水 + V_艇 - V_水) + L \div (V_艇 + V_水 - V_轮 - V_水)$$
$$= L \div (V_轮 + V_艇) + L \div (V_艇 - V_轮)$$

可以看到，这个时间与水速无关。

再来看巨轮与小船的相向运动。假设 AB 距离为 S，t 是巨轮和小船相向而行到相遇所花的时间，此时巨轮为顺水，小船为逆水，有：

$$S = (V_轮 + V_船) \, t$$

最后，再来看巨轮从 A 到 B 顺流而下的流水行船问题。小艇第 7 次回到巨轮船头，所用时间为 $7t$，此时巨轮到达 B 地，有：

$$S = (V_轮 + V_水) \times 7t$$

水速加倍后，小艇第 6 次回到巨轮船头时，所用时间为 $6t$，与水速无关，此时巨轮也到达 B 地，所以有：

$$S = (V_轮 + 2V_水) \times 6t$$

因此：$\left(V_{轮} + V_{水}\right) \times 7t = \left(V_{轮} + 2V_{水}\right) \times 6t$

得到：$V_{轮} = 5V_{水}$

根据 AB 之间的总路程相等，我们有：

$$\left(V_{轮} + V_{船}\right) t = \left(V_{轮} + V_{水}\right) \times 7t$$

化简可得：$V_{船} = 6V_{轮} + 7V_{水} = 37V_{水}$

第 8 章

建立框架思维

什么是框架思维

你是否遇到过下列情况之一：

- 当你读一篇论文时，看到一堆公式，如读天书，几近崩溃；
- 当你上台演讲的时候，头脑一片空白，说话语无伦次；
- 当你写一篇作文的时候，思绪万千，虽然下笔千言，最后却发现离题万里；
- 当你想说服别人的时候，你口若悬河、滔滔不绝，但不得要领，无法打动对方。

以上表现说明你的大脑中缺乏一个完整的思维框架。你需要建立框架思维。框架是我们处理信息的认知结构，运用什么样的框架处理信息，会影响到我们对信息的处理结果和对事物价值的判断、态度、行为及反应。

框架思维是一种结构化思维方式。我们常常说的分层结构、思维矩阵等都属于框架思维。很多时候目录、图表、坐标、模板等都可以视为框架。

框架思维到底有什么优点？我们不妨从框架结构建筑说起。以前农村的二三层小楼基本都是砖混结构，但要盖更高的房子，这种结构就不牢靠。如果使用框架结构，则能够盖起摩天大厦。

框架是系统思维的利器，可以帮助我们更快速、更全面、更深入地进行系统思考和表达。万事万物可以理解为各式各样的系统，而框架是对系统的构成元素，以及元素间有机联系的简化体现。

人一旦构建出一个反映某事物系统的框架，并运用这个框架来思考，那就可以更全面和深入地理解这个系统。用框架来思考，会下意识地把思考对象纳入框架的体系；用框架来传递要表达的内容，会让对方更容易清晰地了解表达者的逻辑和意图。

以面积问题为例看框架思维

面积问题是小学数学乃至中学数学里的重要内容，不少人碰到难一点儿的面积问题都会感到无从下手。这里以框架思维为切入点，谈谈小学的面积问题怎么求解。

下面这种不规则图形的面积怎么求？

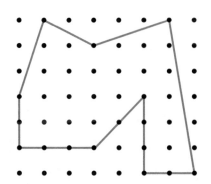

碰到这个问题，很多小朋友会脱口而出：用皮克定理！

所谓皮克定理，是专用于求顶点都位于网格格点的格点多边形面积的一则定理，具体表述如下。

假设每个网格的边长为单位长度，多边形内部格点数目为 n，多边形边界上的格点数目为 w，则它的面积 S 为：

$$S = n + \frac{w}{2} - 1$$

如果再追问一句，为什么皮克定理是对的？

在介绍具体的方法之前，请先忘掉皮克定理。因为皮克定理只适用于求格点多边形的面积。而且，不用皮克定理，这类问题也可以通过更具普适意义的割补法予以解决。

从小学三年级开始，教材就涉及面积问题。从长度到面积再到空间物体的表面积，这是从一维到二维再到三维的飞跃。

面积问题千变万化，小学奥数也为此专门命名了形形色色的模型，但这些都只是用于应对某一类特定问题的招式，而我这里所讲的，则是万变不离其宗的"内功"，是求解面积问题的精髓所在。

学过面积问题后，我们的脑海中对于求解面积问题应该建立起一些基本框架。如果是规则图形，是否可以通过规则图形的面积公式直接求解？如果是不规则图形，那割补、平移、旋转、容斥、等积变换、比例等基本方法中的哪个或哪些组合可能适用所给定的问题？只有你的大脑中建立了求解面积问题的框架，碰到具体问题时才能大致清楚该用哪一类方法来解决。

面积的内涵

刚开始接触面积的时候，有些小朋友不太明白面积的含义。长方形的面积为什么是长 × 宽？三角形的面积又为什么是底 × 高 ÷2？

实际上，不管是长度、面积还是体积，都涉及一个关键的概念：度量。既然要度量，那就要定义度量的单位。比如长度，可以先定义多长为 1 厘米。之后，任意给一条线段，就用 1 厘米去量，量到多少段就是多少厘米。

如果不足 1 厘米怎么办？那就用更小的单位去量；如果更短呢？继续分……

一尺之棰，日取其半，万世不竭。

同样，对于面积，我先定义边长为 1 厘米的正方形所占的面积是 1 平方厘米。对于一个边长为整数的长方形，它的面积就看能划分为多少个边长为 1 厘米的正方形。假设它的长是 5 厘米，宽是 3 厘米，那么一共可以分成 5×3 = 15 个小正方形（见下图），因此面积就是

$5 \times 3 = 15$ 平方厘米。可以看到，面积的定义就转变成一个计数和度量的问题。

但是，很多时候面积问题没那么容易求解。为什么呢？因为很多图形都不是规则图形，即便是规则图形，也无法用面积公式直接求解。现在的小学奥数冒出了很多象形的几何模型，如蝴蝶模型、鸟头模型、燕尾模型、共角模型……不规则图形变化多端，仅仅依靠这些"招式"是远远不够的。相比于"招式"，"内功"的练习更为重要。

规则图形的面积公式及推导

一般来说，规则图形的面积可以直接根据面积公式求解。但有些时候，特别是三角形、梯形之类的图形也难以直接根据面积公式求出，此时便需要另想办法。

掌握简单的规则图形的面积推导过程是非常有意义的事情，我们从中可以看到不少面积转换方法的用途。

正方形和长方形的面积公式是基础，其面积公式本质就是面积的定义。

平行四边形面积公式的推导

平行四边形面积的求法可以利用割补法转化为求长方形的面积。如下图，从平行四边形的一侧切一个直角三角形下来，补到另一边，就变成了长方形，所以平行四边形的面积也是底 × 高。

但是，如果平行四边形如下图蓝色区域所示，则无法按上述割补法拼成一个长方形。为此，我们可以在两边各补上一个橙色三角形，这两个橙色三角形可以拼成一个底为 b，高为 h 的长方形，这时平行四边形的面积等于大长方形面积减去两个橙色三角形拼成的长方形面积，为：$(a+b)\,h - bh = ah$，同样也是底 × 高。

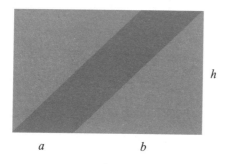

三角形面积公式的推导

三角形的面积可以利用平行四边形的面积公式推导出来。将三角形复制一份，旋转 180°，将其和原来的三角形拼成平行四边形，从而三角形的面积就是平行四边形面积的一半。

除了利用平行四边形，锐角三角形的面积公式还可以像下图这样利用长方形的面积推导得出。直接把三角形分成两部分，然后两侧各补上一个同样的直角三角形，构成一个长方形，所以三角形的面积是长方形的一半。

这不就是那些小学奥数讲义里所说的一半模型吗？稍做变换，就变成这样一道题：

下页图中，正方形 *ABCD* 的边长为 4 厘米，求长方形 *EFGB* 的面积。

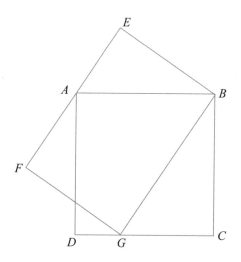

在这个问题中，虽然长方形 *EFGB* 是规则图形，但显然我们无法利用长方形的公式求得其面积，因为长方形 *EFGB* 是可以变化的。所以，我们得另辟蹊径，利用长方形和正方形的关系求解。

如果我们把 *AG* 连接起来，就会发现△ *AGB* 的面积既是正方形 *ABCD* 的一半，又是长方形 *EFGB* 的一半。所以长方形 *EFGB* 的面积应该等于正方形 *ABCD* 的面积，即为 16 平方厘米。

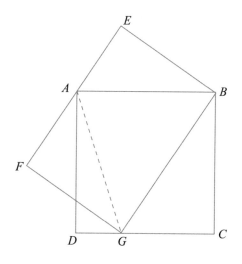

梯形面积公式的推导

梯形的面积公式也可以利用平行四边形的面积推导出来。如下图所示，将两个相同的梯形拼成一个平行四边形，那么梯形的面积就是右边平行四边形面积的一半，为：（上底 + 下底）× 高 ÷ 2

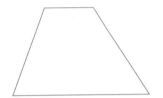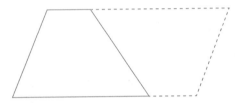

从这个意义上讲，完全可以把三角形看成一种特殊的梯形，即上底为 0 时的极端情况。

梯形的面积公式也可以采用分割的方式推导出来。如下图，将梯形分成一个平行四边形和一个三角形。假设上底为 a，下底为 b，高为 h，那么：

梯形的面积 = 平行四边形的面积 + 三角形的面积

$$= ah + \frac{(b-a)\,h}{2}$$

$$= \frac{(a+b)\,h}{2}$$

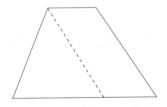

此外，梯形的面积还可以通过补成一个三角形的方法予以推导（见下图）。

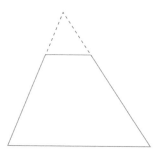

假设梯形的上底为 a，下底为 b，高为 h，并设小三角形和大三角形的高分别为 h_1 和 h_2。

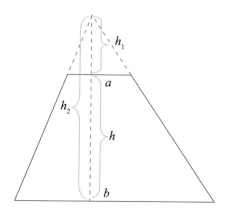

根据相似三角形，有：

$$\frac{h_1}{h_2} = \frac{a}{b}$$

$$h_2 - h_1 = h$$

解得：

$$h_1 = \frac{ah}{b - a}$$

$$h_2 = \frac{bh}{b-a}$$

所以：$S_{\text{梯形}} = \dfrac{1}{2}bh_2 - \dfrac{1}{2}ah_1 = \dfrac{1}{2} \times \dfrac{(b^2 - a^2)\ h}{b-a} = \dfrac{1}{2}\ (a+b)\ h$

不规则图形面积的求解方法

求解不规则图形面积的思路主要是将其转化成能够求解的规则图形。重中之重在于所使用的转化方法。

面积问题求法的精髓，不是什么蝴蝶模型、鸟头模型，而是亘古不变的基本方法，比如割补、平移、旋转、容斥、等积变换、比例等。

割补法

所谓割补，其实包含两方面：一是割，二是补。和长度一样，面积满足一个基本条件，即整体等于部分之和。

割是指将图形分割为若干个可以方便求得其面积的规则图形，然后将各部分的面积相加。例如前文的格点多边形面积问题。

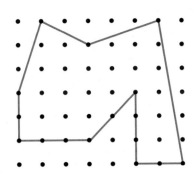

上面这个图形面积不使用皮克定理，只使用不同的分割方法即可求出。下面给出了两种不同的分割法。

第一种方法：如下图所示，将这个不规则图形分为 6 个图形，包括 3 个梯形、2 个三角形和 1 个长方形。

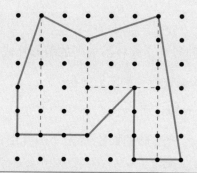

第二种方法：如下图所示，把原始的不规则图形分为 7 个规则图形，包括 1 个梯形、4 个三角形和 2 个长方形。

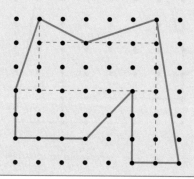

但类似下面这样的图形分割法则无法解决问题，因为从左往右数的第三个和第四个梯形并不满足每个顶点都在格点上的要求，很难求出底边的长度。

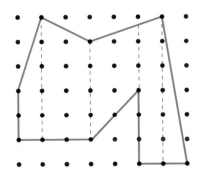

　　补则是一种逆向思维，即将不规则的图形补成规则的图形，然后用补完后的图形面积减去所补的图形面积。

　　例如，上面的问题还可以按照下图的方法，先把图形补成一个大长方形，然后用大长方形的面积减去外围补上的若干规则图形的面积。

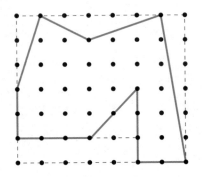

　　使用分割的方法，有时能达到意想不到的效果，比如下面这个问题：

　　如图所示的正六边形的面积为 32，求图中被涂色的蓝色正三角形的面积。

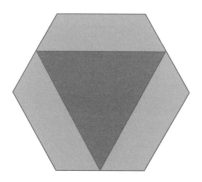

　　蓝色正三角形是一个规则图形，我们可以先求出蓝色正三角形的边长，然后根据面积公式求其面积，但这种做法相对烦琐。如果我们巧妙地按下图方法对整个图形进行分割，那么正六边形可以分成 24 个小的等边三角形，而蓝色三角形正好覆盖了其中的 9 个，因此面积为：

$32 \times \dfrac{9}{24} = 12$。

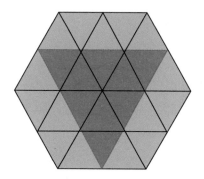

再看一个问题：

　　如果下图中左边正方形的面积是 80 平方厘米，那么右边长方形的面积是多少？

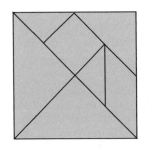 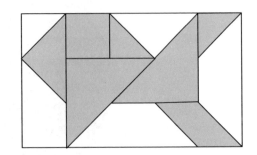

怎么求长方形的面积？当然可以先求出它的长和宽，然后再求面积。不过正方形的面积是80平方厘米，边长是多少？这个小学生不知道。所以，解题需要换个思路。

下图左边七巧板中的图形可以分割成 16 个小三角形，一个小正方形相当于 2 个小三角形，面积为 $80 \div 16 \times 2 = 10$ 平方厘米。而右边的长方形则可以分割为 15 个小正方形，因此面积为 $15 \times 10 = 150$ 平方厘米。

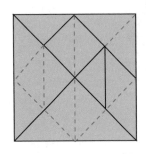 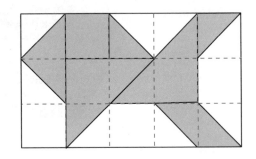

掌握了分割这一利器，不妨试一试下面这个问题。

如图，已知正方形中部分区域的面积，求阴影部分的面积。

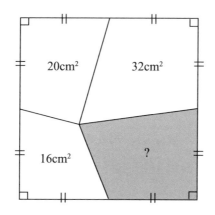

运用割补法最经典的例子是古代数学家刘徽关于勾股定理证明的"青朱出入图"。刘徽描述此图："勾自乘为朱方，股自乘为青方，令出入相补，各从其类，因就其余不动也，合成弦方之幂。开方除之，即弦也。"其大意为，一个任意直角三角形，以勾宽作红色正方形（即朱方），以股长作青色正方形（即青方）。将朱方、青方两个正方形对齐底边排列，再进行割补——以盈补虚，分割线内不动，线外则"各从其类"，以合成弦的正方形（即弦方），弦方开方即为弦长（如下图所示）。

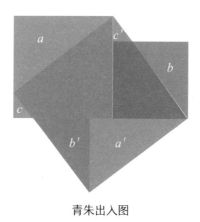

青朱出入图

青朱出入图在勾股定理的几何证明中别具一格，不用写一个字就能让人一眼看懂，是东方智慧的特定产物。青朱出入图包含了周易"阴阳互抱、盈虚消长"的思想，特色鲜明，备受后世瞩目。

华罗庚先生曾对青朱出入图给予极高的评价，他曾说："如果我们的宇宙航船到了一个星球上，那儿也有如我们人类一样高级的生物存在，我们用什么东西作为我们之间的媒介？带幅画去吧，那边风景殊，不了解；带一段录音去吧，也不能沟通。我看最好带两个图形去：一个'数'，一个'数形关系'（勾股定理）。为了使那里较高级的生物知道我们会几何证明，还可送去上面的图形，即'青朱出入图'。这些都是我国古代数学史上的成就。"

与圆相关的面积问题中，割补法也是常用的方法。证明圆的面积公式就遵循了"割之弥细，所失弥少，割之又割以至于不可割，则与圆合体而无所失矣"的思想。

平移与旋转

平移与旋转本质上只是技术手段。通过平移或旋转，我们可以有效地进行图形割补。

先看一个问题。

如图所示，在一块长 24 米、宽 16 米的草坪上有一条宽为 2 米的曲折小路，请问这块草坪的绿地面积是多少？

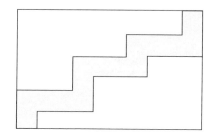

　　这个问题并没有告诉我们曲折小路每一段的长度，只是告诉我们路的宽度为 2 米。一个自然而然的想法是，如果我们能求出小路的面积，那用整个长方形的面积减去小路的面积，就可以得到绿地的面积。

　　对于这类问题，我们可以利用平移法。首先，我们把小路分成如下左图所示的 7 个长方形；然后，我们把标有数字 1，3，5 的长方形向右平移到最右边，把标有数字 2，4，6 的长方形向下平移到最下边，最后将标有数字 6 的长方形向左平移 2 米，从而得到了下面右边的图。

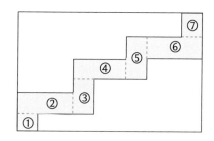

　　因此，小路的面积为 $(24 + 16) \times 2 - 2 \times 2 = 76$ 平方米，空白处绿地面积，为 $24 \times 16 - 76 = 308$ 平方米。

　　当然，可以更简单一点儿，不计算小路的面积，直接计算两个空白部分的面积之和。只需要把右下角的空白部分向上平移 2 米，再向左平移 2 米，那么就和左上角的空白部分组成一个长为 22 米、宽为 14 米的长方形，面积就是 $22 \times 14 = 308$ 平方米。

再看下面这样一个问题。

求阴影部分面积（直角三角形中含正方形）。

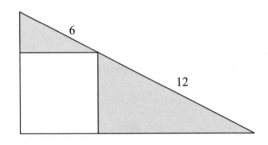

由于阴影部分是两个直角三角形，我们可以根据面积公式分别求出两个三角形的面积，然后相加。比如，我们可以设正方形的边长为 x，通过勾股定理和相似三角形建立关于 x 的方程：$\dfrac{\sqrt{36-x^2}}{x} = \dfrac{6}{12}$，进而解出 x 的值后再求两个黄色三角形的面积。

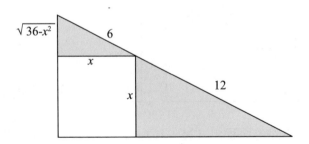

这样做显然比较烦琐。当然，如果注意到 12 是 6 的 2 倍，我们也可以对图形进行如下图所示的分割。可以看到，如果小直角三角形的短直角边长度为 a，那么正方形的边长为 $2a$，根据勾股定理，有 $a^2 + (2a)^2 = 6^2$，因此 $a^2 = \dfrac{36}{5}$。一个小三角形面积正好为 a^2，整个黄色

部分的面积为 $5a^2 = 36$。

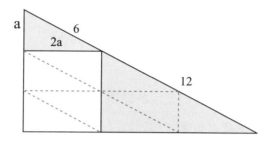

而如果利用旋转，则可以大大简化问题的求解过程。

如果我们把上面的小直角三角形绕着正方形的右上角顶点逆时针旋转 90°，那么就得到了下面的直角三角形，其两条直角边的边长分别为 6 和 12，因此面积为 36。

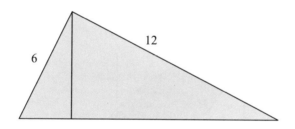

再如下面这个问题。

求图中阴影部分的面积（单位：厘米）。

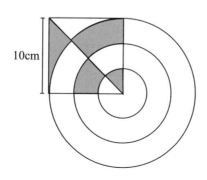

我们如果把右侧的两块阴影部分绕圆心逆时针旋转 45°，那么阴影部分就构成一个等腰直角三角形，因此面积为 50 平方厘米。

容斥原理

　　容斥原理是一种计数时使用的原理，旨在系统地去除重复计算的部分。由于面积本质上也是一种计数，有效运用容斥原理在面积计算中往往能起到四两拨千斤的作用。特别是在一些涉及圆的面积问题时，运用容斥原理可以大大省却由 π 带来的烦琐计算。

　　例如下面这个问题。

　　如图，$AB = 6$，$BC = 4$，则阴影部分的面积为____（单位：厘米）。

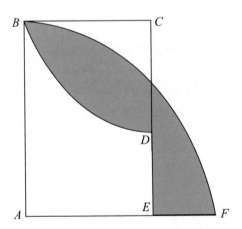

　　显然，我们无法通过规则图形的面积公式直接计算得出阴影部分的面积。但仔细观察后我们发现，阴影部分面积 ＝ 扇形 CBD 的面积 ＋ 扇形 ABF 的面积 － 长方形 $ABCE$ 的面积。

　　扇形 CBD 的面积 $= π \times 4^2 \div 4 = 4π$

扇形 *ABF* 的面积 $= \pi \times 6^2 \div 4 = 9\pi$

长方形 *ABCE* 的面积 $= 4 \times 6 = 24$

因此，阴影部分面积 $= 13\pi - 24$

又比如下面的问题。

如图所示，中间的长方形长为 34，宽为 21，求阴影部分的面积。

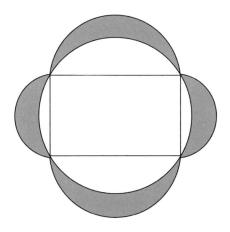

每个阴影部分的面积都无法单独使用面积公式求出。但观察后我们发现：

阴影部分的面积 $=4$ 个半圆的面积 $+$ 长方形面积 $-$ 直径为长方形对角线的圆的面积

4 个半圆的面积合起来是分别以长方形的长和宽为直径的两个圆的面积之和。根据勾股定理，这两个圆的面积之和等于直径为长方形对角线的圆的面积。

因此，阴影部分的面积即为长方形的面积，即为 $34 \times 21 = 714$。

看到了吧，其实我们根本不需要使用 π 进行计算。

等积变换

　　等积变换就是把一个图形的面积转变为另一个形状不同、但面积相同的图形面积，从而使得目标面积更容易计算。等积变换在面积计算中有着很重要的地位。

　　在涉及三角形相关的面积问题时，经常会使用等积变换。比如前面提到的蝴蝶模型，其中有一部分的结论就是等积变换的结果。

　　蝴蝶模型指出：在下面的梯形 $ABCD$ 中，$\triangle AOD$ 和 $\triangle BOC$ 的面积相等。

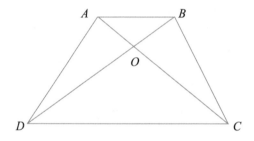

　　利用等积变换可以很容易证明这一结论。由于 $\triangle ABD$ 和 $\triangle ABC$ 等底等高，因此面积相等，两者同时减去 $\triangle AOB$ 的面积，即可推出 $\triangle AOD$ 和 $\triangle BOC$ 的面积相等。

　　对三角形进行等积变换的依据很简单，一般就是利用等底等高的三角形面积相等这一事实，但实际操作起来需要敏锐的洞察力。为什么呢？因为三角形的底和高可以分别有 3 组，我们一般熟悉的是底为水平、高为垂直的情况，但能够进行等积变换的图形并不一定处于最佳视图状态下，通常需要我们歪着脖子换个角度去看。

　　比如下面这个经典的问题。

把如图所示的四边形 *ABCD* 改成一个等积的三角形。

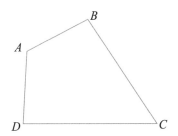

　　这个四边形是不规则图形，我们不能直接求其面积。但我们可以将它分成两个三角形，如下图，分为△*ABD* 和△*BCD*。如果保持其中一个不动（如△*BCD*），而对△*ABD* 进行等积变换，使得变换后的图形和△*BCD* 能组成一个三角形，那问题就解决了。

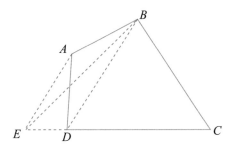

　　基于这一思路，我们可以做 *AE//BD*，并交 *CD* 的延长线于 *E*。△*BDE* 与△*BDA* 等底等高（底为 *BD*，高为平行线 *AE* 和 *BD* 的距离），从而两者面积相等。因此，四边形 *ABCD* 的面积就等于△*BCE* 的面积。

　　当然，等积变换不局限于三角形，可以对任何形状进行等积变换。例如下面的问题。

如图，两个完全一样的直角三角形 ABC 和 DEF 部分重叠在一起，$AB = 7$ 厘米，$BE = 5$ 厘米，$OD = 3$ 厘米，求阴影部分的面积。

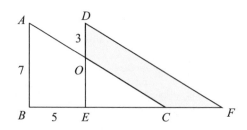

这个问题中，阴影部分是梯形，直接利用面积公式难以求出其面积。而如果利用等积变换，则很容易看出阴影部分的面积加上△ EOC 的面积等于梯形 $ABEO$ 的面积加上△ EOC 的面积，因此阴影部分的面积等于梯形 $ABEO$ 的面积。而梯形 $ABEO$ 是一个规则图形，其面积可以利用面积公式求出，为：$(4 + 7) \times 5 \div 2 = 27.5$ 平方厘米。

掌握了等积变换的利器，我们甚至可以解决非常复杂的问题。例如下面这个比较有挑战性的问题，也可以利用等积变换予以解决。

如图，有 7 个大小相同的圆叠放在一起，如果每个圆的面积都是 10，那么阴影部分的面积是多少？

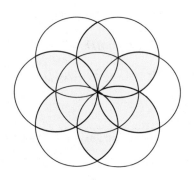

这个问题看着比较唬人，我们首先可以在图形上作如下辅助线。

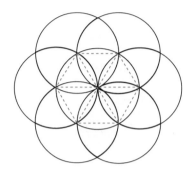

这样，阴影部分面积便可以看成 6 个如下图所示的阴影部分面积之和。

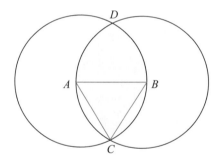

对于上面这个图形的面积，我们可以把标蓝色部分的一块移动到空白处，从而阴影部分的面积就等积变换成了扇形 *ACBD* 的面积。

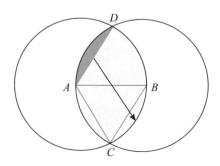

扇形 $ACBD$ 的面积 $= \dfrac{1}{3} \times$ 圆面积，因此，阴影部分总面积

$= 6 \times \dfrac{1}{3} \times$ 圆面积 $= 2 \times$ 圆面积 $= 20$。

比例关系

比例是小学高年级后求解众多面积问题的一大利器。对于二维图形来说，面积随着长度呈平方关系增长。如果拓展到三维，那就是体积随着长度呈立方关系增长。

比如，一个圆的半径是另一个圆的 3 倍，那么前者面积就是后者面积的 9 倍。而如果一个球的半径是另一个球的 3 倍，那么前者体积就是后者体积的 27 倍。

如果一个三角形的底是另一个三角形的 3 倍，高是后者的 2 倍，那前者面积就是后者面积的 6 倍。

在三角形的面积问题中，我们通常可以找出两个等底（或等高）的三角形，利用比例关系得出两者的面积之比等于它们的高之比（或底之比）。

先看这样一个问题。

图中的四边形土地的总面积是 52 公顷，两条对角线把它分成了 4 个小三角形，其中两个小三角形的面积分别是 6 公顷和 7 公顷，求 4 个三角形中最大的一个的面积。

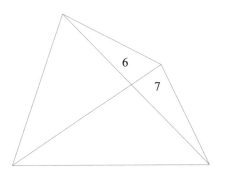

　　由于总面积是 52 公顷，因此剩下的两个三角形面积之和为 52 −
13 = 39 公顷。由于这两个小三角形等高，两者的面积分别为 6 公顷
和 7 公顷，表明这两个小三角形的底边长度之比为 6 ∶ 7，从而两个大
一点儿的三角形的面积之比也是 6 ∶ 7，因此最大的三角形的面积为

$$39 \times \frac{7}{13} = 21$$ 公顷。

　　再来看小学奥数中著名的鸟头模型，要证明

$$S_{\triangle ADE} : S_{\triangle ABC} = AD \times AE : AB \times AC$$

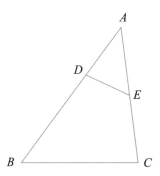

　　如果学过三角函数，则可以直接给出证明。但没有学过怎么办？
我们可以利用比例关系进行证明。

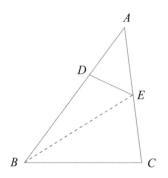

如图，连接 BE。

$$S_{\triangle ADE} : S_{\triangle ABE} = AD : AB$$

$$S_{\triangle ABE} : S_{\triangle ABC} = AE : AC$$

因此：$S_{\triangle ADE} : S_{\triangle ABC} = AD \times AE : AB \times AC$

当然，到了初中以后，比例的方法经常与相似三角形结合在一起，比如证明蝴蝶定理的另一半结论：下图的梯形 $ABCD$ 中，如果 $AB = x$，$CD = y$，则 $S_{\triangle AOB} : S_{\triangle AOD} : S_{\triangle COD} = x^2 : xy : y^2$。

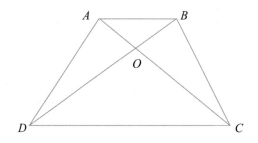

多种方法的组合

有时候，仅仅用一种方法难以解决问题，必须组合多种方法才行。比如下面的问题。

如图，长方形 $ABCD$ 的面积是 12，正三角形 BPC 的面积是 5，求阴影部分三角形 BPD 的面积。

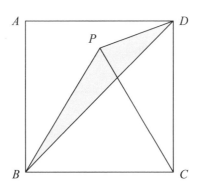

这个问题中，阴影部分是个三角形，但显然利用面积公式很难求解。如果利用容斥原理，此题便很容易解决，也就是：

$$S_{\triangle BPD} = S_{\triangle BPC} + S_{\triangle CPD} - S_{\triangle BCD}$$

等式的右边，$\triangle BPC$ 面积已知，$\triangle BCD$ 面积为长方形 $ABCD$ 的一半，因此只要求得 $\triangle CPD$ 的面积，问题就解决了。

这个图形具有对称性，如果连接 AP，那么 $\triangle CPD$ 和 $\triangle BPA$ 的面积是相等的。而这两个三角形的面积相加其实就是长方形面积的一半（利用规则图形三角形面积推导时得出的一半模型），所以 $S_{\triangle CPD} = 3$。因此 $S_{\triangle BPD} = 5 + 3 - 6 = 2$。

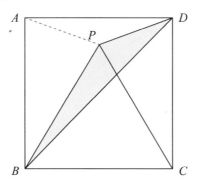

再来看下面这个问题。

如图，大正方形的边长是小正方形的 4 倍，大正方形的面积是 160，则图中阴影部分的面积是 _____。

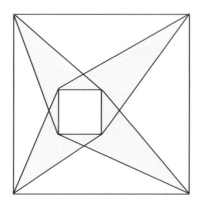

如果这道题是填空题，那可以选择让中间的小正方形移动到特殊的位置，比如像下图一样移到左上角。

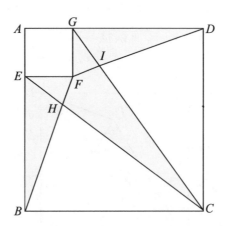

我们只需要求出 $\triangle HBC$ 的面积即可。根据对称性，$\triangle IDC$ 与 $\triangle HBC$ 面积相等。

由于 $BC = 4EF$，因此 $\triangle HBC$ 的高也是 $\triangle HEF$ 的高的 4 倍，因此 $\triangle HBC$ 的高是 EB 的 $\dfrac{4}{5}$，也就是 AB 的 $\dfrac{3}{5}$（$\dfrac{4}{5} \times \dfrac{3}{4} = \dfrac{3}{5}$）。

从而，$\triangle HBC$ 的面积等于 $\triangle ABC$ 的面积 $\times \dfrac{3}{5}$，即整个大正方形面积的 $\dfrac{3}{10}$（$\dfrac{3}{5} \times \dfrac{1}{2} = \dfrac{3}{10}$），因此阴影部分面积为：

$$160 - 10 - 160 \times \dfrac{3}{10} \times 2 = 54$$

当然，也可以让小正方形移动到正中间的位置。通过与上面类似的方法，可以计算出 $\triangle NBC$ 的面积是整个大正方形的 $\dfrac{3}{20}$（$\dfrac{1}{2} \times \dfrac{4}{5} \times \dfrac{3}{8} = \dfrac{3}{20}$）。

从而，阴影部分的面积为：

$$160 - 10 - 160 \times \dfrac{3}{20} \times 4 = 54$$

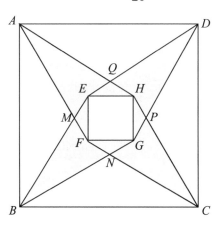

考虑更一般的情况，如下图所示，连接 AE、BF、CG、DH，我们可以把阴影部分进行分割。

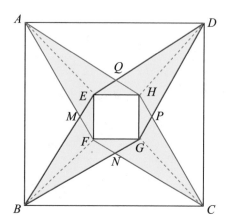

根据比例关系，由于 $FG : BC = 1 : 4$，

因此有：$S_{\triangle FGN} : S_{\triangle BFN} : S_{\triangle CGN} : S_{\triangle BCN} = 1 : 4 : 4 : 16$

所以，$S_{\triangle BCN} = \dfrac{16}{25} \times S_{FBCG}$

同理：$S_{\triangle PCD} = \dfrac{16}{25} S_{HGCD}$，$S_{\triangle QAD} = \dfrac{16}{25} S_{EHDA}$，$S_{\triangle MAB} = \dfrac{16}{25} S_{EFBA}$

所以，$S_{\triangle BCN} + S_{\triangle PCD} + S_{\triangle QAD} + S_{\triangle MAB} = \dfrac{16}{25} \times (160 - 10) = 96$

因此，阴影部分面积 $= 160 - 10 - 96 = 54$

最后，我给大家出一道有挑战性的题，这道题需要综合运用平移、旋转和等积变换等方法。

如图，△*ABC* 中，*AB* = 4，*BC* = 5，*CA* = 3，分别以 *AB*、*BC*、*CA* 为边向外做正方形 *ABDE*、*BCFG*、*CAPQ*。问：*EP*、*DG*、*QF* 三条线段能否作为一个三角形的三边？若能，则此三角形的面积为多少？若不能，说明理由。（答案及解题思路可从公众号"旳爸说数学与计算思维"中获得。）

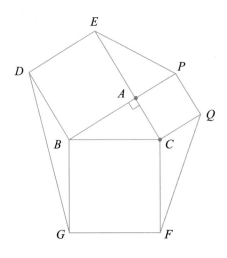

第9章
解数学题需要毅力和信念

周期为 60 的毅力

之前，一位同事找我帮忙做过两道题，说是五年级女儿的数学题。
第一题是这样的：

求 1，1，2，3，5，8，13…这个序列的第 1991 个数的个位数字。

这道题可能是 1991 年出的，现在已经是 2021 年，我们不妨把题
目改成求第 2021 个数的个位数字。

对于这个数列，大家应该很熟悉，这就是著名的斐波那契数列。
如果这道题出现在高中课本中，那么，我可能第一反应便是求通项公式，
然后，根据通项公式看看能否求出第 2021 个数的个位数。但这个题目
是让小学五年级的学生解答的，那我只能用小学生的知识来求解。

凭直觉，这类题目应该是考查周期律，否则很难有其他方法来做。

于是，我开始尝试。起初的尝试令人沮丧，试了 20 来个数依然没有发现有任何规律可循。好在我这个人较真儿，一直往下试，最终发现周期是 60。

对，长度为 60 的周期，你没有看错。我当时的第一反应是：出这道题的人太无聊了，这不是测试人的耐力吗？

后来在微信群里探讨这个题目，很多人都说，试到 20 多个时就放弃了。有人问我："为什么你知道周期是 60？为什么你能够坚持下去？"

其实我也不知道周期是 60，但为什么能够一直坚持下去？我只能说这是一种信念，一种认为这道题目肯定具备周期律的信念。这个信念支撑我一直把序列写下去。当然，用抽屉原理可以证明这道题确实具备周期律。因为斐波那契数列的特点是后一个数是前两个数之和，如果两个相邻数的末位数字开始出现重复，那么整个序列的末位数字必然开始循环。如果我们把前后两个相邻数的末位数字看成是一个二元组 (x, y)，那么由于 x 和 y 都可以从 0 ~ 9 中取值，二元组一共有 $10 \times 10 = 100$ 种不同的可能。因此，101 个二元组中至少有两个是相同的。这一分析表明，这道题确实具备周期律，且周期最大为 100。

但对于手动计算而言，60 这个周期长度确实超出了普通人的忍受程度。再揣度出题人的初衷，也许他就是为了考查学生的信念，而非智商。实际上，人生的成功很多时候不在于你智商多高，而是贵在坚持。有一个说法是，如果你在一个领域深耕 10 年，那一定会有所建树。

在黑暗中前行，尤其需要信念。我们 "70 后" "80 后" 的家长一般都看过电影《肖申克的救赎》，信念的力量在电影中得到了淋漓尽致的诠释。

解决问题的能力主要有两种：一是以知识为代表的认知取向，二是以情绪、动机、信念为代表的非认知取向。认知取向揭示陈述性知识、程序性知识的某些特性对问题解决能力造成的影响，如基本技能的自动化、陈述性知识的结构化和丰富化等特性；而非认知取向侧重揭示情绪变量与问题解决能力之间的关联，如兴趣、焦虑等。培训班一般都侧重于第一种能力的培养，从而忽略了第二种能力。

同事给我的第二题，略加改动后如下。

$1 \times 2 \times 3 \times 4 \times \cdots \times 2021$ 最后的结果从右往左数有很多个 0，第一个不是 0 的数字是几？

这个问题就留给有兴趣的读者来解决。

几何无王者之道

这句名言出自古希腊著名数学家欧几里得。其背景是某国王请教欧几里得有没有学习几何的捷径，欧几里得回答说"几何无王者之道"。意思就是几何没有专门为王公贵族设定的贵宾通道，唯一能学好几何的方法就是和其他人一样老老实实练习。

"书山有路勤为径，学海无涯苦作舟。"即便你是国王，也不例外。

欧几里得最负盛名的成就是开创了欧氏几何。他所编写的《几何原本》是古希腊数学发展的顶峰。这是一部集前人思想和欧几里得个人创造性于一体的不朽之作，它囊括了几何学从公元前 7 世纪到公元前 4

世纪数百年的数学发展历史。正是有了它，几何学不仅第一次实现了系统化、条理化，而且还孕育出欧氏几何这一全新的研究领域。直到今天，欧氏几何仍然是世界各国学校里的必修课，是训练逻辑推理的必备内容。我国的基础教育阶段没有专门的逻辑学课程，欧氏几何从某种程度上承担了逻辑启蒙的职责。

从几个基本概念和几条公理出发，加上一套演绎推理规则，可以建立整个欧氏几何的大厦。《几何原本》的贡献远远超出了几何学，它是公理化思想方法的一个雏形，是两千多年来一直被公认的用严格的逻辑结构来定义学科的典范，标志着数学领域公理化方法的诞生。毫不夸张地说，欧几里得的《几何原本》是数学史上的第一座理论丰碑，它所建立的演绎范式和公理化思想对几何学、数学和科学的发展，以及对西方人的整个思维方法都有着巨大的影响。

除了"几何无王者之道"，欧几里得还留下过一句经典的话。有一次，一位青年向欧几里得提问："你的几何学有何用处？"欧几里得对身边的侍从说："请给这位小伙子三个硬币，因为他想从几何学里得到实际利益。"从后面这句话可以看到，欧几里得为自己创建的几何世界赋予了超越世俗的意义。

第 **10** 章

解唯一吗

一个数学问题并不一定只存在唯一解。不少人解数学题，求得一个解就认为大功告成，这是很不可取的。进入中学以后，数学题存在多个解是一种常态。如果缺乏探讨解是否唯一的意识，那是要吃大亏的。对于某些问题，证明解的唯一性并非易事，而对于另一些问题，要找出所有解也极具挑战性，很考验解题人的思维完备性。

解唯一性的证明

我曾经花一个多小时研究了一道小学五年级的题。

定义 $n! = n \times (n-1) \times (n-2) \times \cdots \times 2 \times 1$，在 $1!$，$2!$，$3!$，$\cdots$，$100!$ 这 100 个数中去掉一个数，使得剩下的数的乘积为完全平方数。

这道题的原始出处我记得很清楚，书中给出的解答如下。

阶乘① 首先满足：$(n+1)! = (n+1) \times n!$

$1! \times 2! \times 3! \times 4! \times \cdots \times 99! \times 100!$

$= 1! \times (2 \times 1!) \times 3! \times (4 \times 3!) \times \cdots \times 99! \times (100 \times 99!)$

$= (1!)^2 \times 2 \times (3!)^2 \times 4 \times \cdots \times (99!)^2 \times 100$

$= (1! \times 3! \times \cdots \times 99!)^2 \times (2 \times 4 \times \cdots \times 100)$

$= (1! \times 3! \times \cdots \times 99!)^2 \times 2^{50} \times (1 \times 2 \times \cdots \times 50)$

$= (1! \times 3! \times \cdots \times 99!)^2 \times 2^{50} \times 50!$

因此，去掉 50！后，所有数的乘积是一个完全平方数。

可以说，这个解答很巧妙。但是，问题到这里是否结束了呢？对我来说，这当然没有结束。我们可以深究一下这个问题。

(1) 去掉 50！是唯一的答案吗？

(2) 上面的方法可扩展吗？比如，适用于 98 或 102 吗？

如果连去掉 50！是不是唯一的答案都不能确定，就说这题解完了，那心里不虚吗？

我们不妨来看第二个问题，上面的方法可扩展吗？先看一下 98，按照上面的做法，有：

$1! \times 2! \times 3! \times \cdots \times 98!$

$= (1! \times 3! \times \cdots \times 97!)^2 \times (2 \times 4 \times 6 \times \cdots \times 96 \times 98)$

$= (1! \times 3! \times \cdots \times 97!)^2 \times 2^{49} \times 49!$

---

① 阶乘：指从 1 乘以 2，乘以 3，乘以 4，一直乘到所要求的数。

我们发现，在这个问题里，就不能直接把 49! 去掉。因为剩下的 2^{49} 不再是完全平方数。所以，这个方法其实不可扩展。

那么上面的解法适用哪些情况呢？比如 96 是否适用这种方法？

$1! \times 2! \times 3! \times \cdots \times 96!$

$= (1! \times 3! \times \cdots \times 95!)^2 \times (2 \times 4 \times 6 \times \cdots \times 96)$

$= (1! \times 3! \times \cdots \times 95!)^2 \times 2^{48} \times 48!$

可以看到，去掉 48! 就可以了，也就是说这种做法对于 96 是适用的。

事实上，对于 4 的倍数，上面的解法都适用。

$1! \times 2! \times 3! \times \cdots \times (4k)!$

$= (1! \times 3! \times \cdots \times (4k-1)!)^2 \times (2 \times 4 \times 6 \times \cdots \times 4k)$

$= (1! \times 3! \times \cdots \times (4k-1)!)^2 \times 2^{2k} \times (2k)!$

$= (1! \times 3! \times \cdots \times (4k-1)!)^2 \times (2^k)^2 \times (2k)!$

可以看到，去掉 $(2k)!$ 后，剩下的数的乘积是一个完全平方数。

再回过来看第一个问题，即去掉 50! 是不是唯一的答案？这个判断有点儿费劲。

根据算术基本定理，每个大于 1 的自然数都可以唯一表示为若干质数的乘积。

对于 $1! \times 2! \times 3! \times \cdots 100!$，可以表示成 $2^{n_2} \times 3^{n_3} \cdots \times 97^{n_{97}}$ 的形式。

显然，如果去掉一个阶乘后剩下的是完全平方数，那么剩下的数分解质因数后每个质数的幂次应该都是偶数。我们记 $M = 1! \times 2! \times 3! \times \cdots \times 100!$。如果 M 分解质因数后的结果中有某个质数的幂次为奇数，那么至少要去掉一个，才能满足剩下的乘积是完全平方数的要求。比如 $2^4 \times 3^2$ 是完全平方数，但 $2^3 \times 3^4$ 就不是完全平方数，至少要去掉一个 2 才行。

上面这一点很容易理解，它也是我们下面长篇大论求解过程的出发点。

我们不妨计算一下各个质数在 $M = 1！\times 2！\times 3！\times \cdots \times 100！$ 中出现的次数，这个计算过程着重于考查质数出现次数的奇偶性。

不妨从最大的质数开始：

97：在 97！，98！，99！，100！中各出现 1 次，即 $n_{97} = 4$，为偶数；

89：在 89！，90！，$\cdots$，100！中各出现 1 次，一共出现 $100 - 89 + 1 = 12$ 次，即 $n_{89} = 12$，为偶数；

$\cdots\cdots$

按这个规则，一直到 53，它在 53！，54！，$\cdots$，100！中各出现 1 次，出现的次数也是偶数。

但是 47 就不一样了。

47 在 47！，48！，$\cdots$，93！中各出现 1 次，在 94！，95！，$\cdots$，100！中各出现 2 次（因为 $94 = 47 \times 2$），因此总计出现 $47 + 2 \times 7 = 61$ 次，为奇数。

既然为奇数，那就是解题的线索。

为了保证去掉一个数的阶乘后剩余的数的乘积为完全平方数，这个乘积分解质因数后 47 的幂次必须为偶数，因此去掉的这个数必须包含奇数个 47 相乘，从而只能在 47！到 93！之间！

按类似的做法，我们继续考查 43、41、37 出现的次数，发现分别都出现了奇数次。

例如，37 在 37！，38！，$\cdots$，73！中各出现 1 次，而在 74！，

75！，…，100！中各出现 2 次，总计出现 $37 + 2 \times 27$ 次，为奇数。因此去掉的数必须在 37！至 73！之间。

综合上面几点，我们可以知道，去掉的这个数必须在 47！至 73！之间。

我们继续考查 31 和 29。

31 的出现次数如下：

31！，32！，…，61！：出现 1 次；

62！，63！，…，92！：出现 2 次（因为 $62 = 2 \times 31$）；

93！，94！，…，100！：出现 3 次（因为 $93 = 3 \times 31$）。

一共出现 $(1 \times 31 + 2 \times 31 + 3 \times 8)$ 次，为奇数次。

因此，去掉的数要让 31 的幂次变成偶数，只能在 31！至 61！或 93！至 100！之间。结合之前的结论，所去掉的 k！，k 只能在 47 ~ 61 之间。

同样，29 出现的次数也是奇数次。结合之前的结论，去掉的 k！，k 只能在 47 ~ 57 之间。

再来看 23，出现的次数如下：

23！，24！，…，45！：出现 1 次；

46！，47！，…，68！：出现 2 次；

69！，70！，…，91！：出现 3 次；

92！，93！，…，100！：出现 4 次。

一共出现 $(1 \times 23 + 2 \times 23 + 3 \times 23 + 4 \times 9)$ 次，为偶数次。

结合之前要去掉的 k！，k 只能在 47 ~ 57 之间的结论，当 $47 \leqslant k \leqslant 57$ 时，k！中 23 出现 2 次，不影响结果。

再看 19，出现的次数如下：

19！，20！，…，37！：出现 1 次；

38！，39！，…，56！：出现 2 次；

57！，58！，…，75！：出现 3 次；

76！，77！，…，94！：出现 4 次；

95！，96！，…，100！：出现 5 次。

一共出现 $(1+2+3+4) \times 19 + 5 \times 6$ 次，为偶数次。但由于 57！中出现了 3 个 19，因此去掉 57！不行，从而去掉 k！的 k 进一步被限定在 47～56 之间。

再看 17，出现的次数如下：

17！，18！，…，33！：出现 1 次；

34！，35！，…，50！：出现 2 次；

51！，52！，…，67！：出现 3 次；

68！，69！，…，84！：出现 4 次；

85！，86！，…，100！：出现 5 次。

总计 $(1+2+3+4) \times 17 + 5 \times 16$ 次，为偶数。但是在 51！，52！，…，56！中，17 出现 3 次，因此去掉这几个阶乘是不行的，从而去掉的 k！的 k 进一步被限定在 47～50 之间。

只剩下 4 个数 47、48、49、50 了。我们不妨看一下最小的质数 2 出现的次数：

2！，3！：每个里面有 1 个偶数；

4！，5！：每个里面有 2 个偶数；

……

98！，99！：每个里面有 49 个偶数；

100！：有 50 个偶数。

总计有 $(1 + 2 + \cdots + 49) \times 2 + 50$ 个 2 的倍数，为偶数。

但是，还有 4 的倍数、8 的倍数、16 的倍数、32 的倍数和 64 的倍数会额外贡献 2 的因子。

4！，5！，6！，7！：每个里面有 1 个 4 的倍数；

8！，9！，10！，11！：每个里面有 2 个 4 的倍数；

……

96！，97！，98！，99！：每个里面有 24 个 4 的倍数；

100！：里面有 25 个 4 的倍数。

总计有 $(1 + 2 + \cdots + 24) \times 4 + 25$ 个 4 的倍数，为奇数。

与此类似，$M = 1！\times 2！\times 3！\times \cdots \times 100！$ 中有：

$(1 + 2 + \cdots + 11) \times 8 + 12 \times 5$ 个 8 的倍数，为偶数；

$(1 + 2 + \cdots + 5) \times 16 + 6 \times 5$ 个 16 的倍数，为偶数；

$(1 + 2) \times 32 + 3 \times 5$ 个 32 的倍数，为奇数；

1×37 个 64 的倍数，为奇数。

综上所述，最后 2 的幂次为奇数，因此我们去掉的这个数的阶乘应该包括奇数个 2 的因子才能满足条件。

我们可以逐一考查 47！，48！，49！和 50！中 2 的因子个数：

47！包含的 2 的因子个数为：

$\lfloor 47 \div 2 \rfloor + \lfloor 47 \div 4 \rfloor + \lfloor 47 \div 8 \rfloor + \lfloor 47 \div 16 \rfloor + \lfloor 47 \div 32 \rfloor$ [①]

---

① $\lfloor x \rfloor$ 为向下取整，表示不大于 x 的最大整数。

$$= 23 + 11 + 5 + 2 + 1$$

$$= 42$$

48！包含的 2 的因子个数为：

$$\lfloor 48 \div 2 \rfloor + \lfloor 48 \div 4 \rfloor + \lfloor 48 \div 8 \rfloor + \lfloor 48 \div 16 \rfloor + \lfloor 48 \div 32 \rfloor$$

$$= 24 + 12 + 6 + 3 + 1$$

$$= 46$$

49！包含的 2 的因子个数为：

$$\lfloor 49 \div 2 \rfloor + \lfloor 49 \div 4 \rfloor + \lfloor 49 \div 8 \rfloor + \lfloor 49 \div 16 \rfloor + \lfloor 49 \div 32 \rfloor$$

$$= 24 + 12 + 6 + 3 + 1$$

$$= 46$$

50！包含的 2 的因子个数为：

$$\lfloor 50 \div 2 \rfloor + \lfloor 50 \div 4 \rfloor + \lfloor 50 \div 8 \rfloor + \lfloor 50 \div 16 \rfloor + \lfloor 50 \div 32 \rfloor$$

$$= 25 + 12 + 6 + 3 + 1$$

$$= 47$$

可见，只有 50！满足条件，也就是说去掉 50！是唯一的答案。至此，悬着的一颗心落地了。

存在不唯一解

有些问题中存在解不唯一的情况，此时，找出所有解就显得非常重要。在小学阶段，找出所有解往往需要很强的分类能力和有序思考能力作为支撑。下面看一个例子。

已知一条直线 l 和直线外的 A、B 两点，以 A、B 两点和直线上某一点作为三角形的 3 个顶点，就能画出一个等腰三角形，如图中的三角形 ABC。除已有的三角形 ABC 之外，还能画出多少个符合条件的等腰三角形？

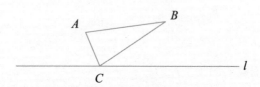

按题目本身所给的图，可以按照下面的方式去思考：等腰三角形有一个顶点，A、B、C 中的任何一个点都可以作为顶点。为了找出所有解，我们不妨分别以 A、B、C 作为等腰三角形的顶点。

(1) 以 A 为顶点的等腰三角形。可以以 A 为顶点，以 AB 为半径画圆弧，与直线 l 交于两个点 E 和 G，对应了 $\triangle AEB$ 和 $\triangle AGB$ 两个等腰三角形。

(2) 以 B 为顶点的等腰三角形。与 A 类似，以 B 为顶点，以 BA 为半径画圆弧，与直线 l 相交于两点 C 和 F，对应于 $\triangle BAC$ 和 $\triangle BAF$ 两个等腰三角形。

(3) 以 AB 为底的等腰三角形。可以作 AB 的中垂线，与 l 相交于一点 D，对应于 $\triangle DAB$ 这个等腰三角形。

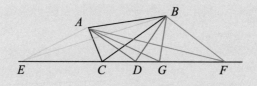

因此，除去△ ABC，还能画出 4 个等腰三角形。

但能否在任何情况下都可以画出上面的 5 个等腰三角形呢？那可不一定。有哪些可能的情况呢？

如果 AB 垂直于直线 l，假设 B 位于 A 的上端，是否存在这样的等腰三角形则取决于 A 到 l 的垂线 AH 的长度。

如果 $AH \geqslant AB$（如下图左），则不存在这样的等腰三角形；

如果 $AH < AB$（如下图右），以 A 为圆心，AB 为半径画圆弧分别交 l 于两点 C 和 D，则△ ABC 和△ ABD 为满足要求的两个等腰三角形。

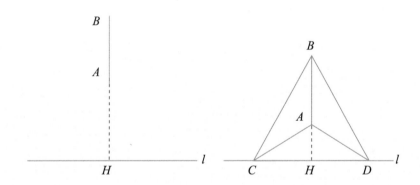

下面我们考虑 AB 不垂直于直线 l 的情况。

首先考虑以 A 为顶点的等腰三角形个数。从 A 作直线 l 的垂线，设垂足为 H，则 AH 与 AB 的长度关系决定了以 A 为顶点的等腰三角形有几个。

如果 $AH = AB$（如下页图左），则以 A 为顶点的等腰三角形只有 1 个；

如果 $AH > AB$（如下页图右），则以 A 为圆心，以 AB 为半径画的圆弧与直线 l 不存在交点，因此不存在以 A 为顶点的等腰三角形；

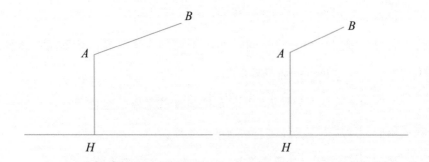

如果 $AH < AB$，则以 A 为圆心，以 AB 为半径画的圆弧与直线 l 有两个交点，因此以 A 为顶点的等腰三角形有 2 个（有一种情况例外，即其中一个交点与 A，B 三点共线时，只有一个等腰三角形，如下图所示，A，E，B 不构成三角形）。

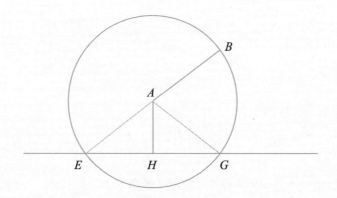

然后考虑以 B 为顶点的等腰三角形个数。同样，从 B 做直线 l 的垂线，设垂足为 K。则 BK 与 BA 的长度关系决定了以 B 为顶点的等腰三角形有几个。

如果 $BK = AB$（如下图），则以 B 为顶点的等腰三角形有 1 个；

如果 $BK > AB$，则不存在以 B 为顶点的等腰三角形；

如果 $BK < AB$，则以 B 为顶点的等腰三角形有 2 个。

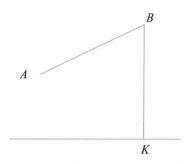

最后考虑以 AB 为底的等腰三角形个数。只要 AB 不垂直于直线 l，那么 AB 的中垂线一定与直线 l 相交于一个点，则一定存在 1 个以此交点为顶点、以 AB 为底的等腰三角形。

因此，等腰三角形的个数可以是 0 个、1 个、2 个、3 个、4 个、5 个。

比如，当 $AH = AB = BK$ 时（如下图），等腰三角形的个数就是 3 个。

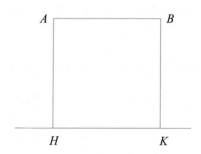

第 11 章

如何做好验算

在前文谈中小学数学应该学什么、怎么学时，我提到了解题的应试和提升两个阶段。对于小学期末考试而言，学校为了让大家过一个愉快的假期，出的试卷难度一般不会太大。因此，对大部分学生来说，能否考出高分往往取决于细心程度。其中，验算是应试解题阶段非常重要的一环。

有人认为验算就是重新算一遍，那真是大错特错了！不妨想一想你知道哪些验算方法，平时又用了哪些验算方法。

其实，大家都知道不少验算方法，但关键是要践行。在这方面，我自认为在中小学时期做得非常好。当然，验算是一门大学问，这里分享的是我自己的经验，并非金科玉律。

关于验算，我给出 3 条原则和 7 种方法。

验算原则

原则 1：验算方法千万条，读对题目第一条

小学数学考试结束后，家长在给孩子的数学试卷订正签字时，下面的场景是不是很熟悉？

啥，这题又漏看条件了？

什么，又把数看反了？

咋回事？明明写的是分米，怎么又看成了米？

我再三强调：验算方法千万条，读对题目第一条！但是，很多小朋友依然会在这一条上栽跟头。

比如下面这道题，是不是很熟悉？

王老师和 45 位同学一起去划船，如果每条船最多坐 5 人，请问至少要租多少条船？

虽然我不赞同这种"纯挖坑式"的出题方法，但这类题在小学数学试卷里屡见不鲜。小学出题老师对挖这种坑乐此不疲。小朋友们也不辜负老师的"厚望"，争先恐后地一个一个跳下去。

最后，我们的课堂数学教学就会花很多时间来教大家如何避免掉进这种坑里。

如果我们不读错题，那些出题老师不就没有动力挖这种"坑"了吗？遗憾的是，没有如果。不可避免地读错题，成为老师和学生"猫捉老

鼠游戏"的源头。

其实，在应试中，我们不叫"读题"，叫"审题"。"审"这个字，在汉语里就有详细、周密的意思。跟"审"字经常一起组的词，有审问、审讯等，这不就得挖地三尺把事情搞清楚吗？

那怎样才能尽量降低读错题的可能性呢？

读错题又分为两类：

● 读错题。所谓读错题，是指文本层面读错题目，包括漏读和读错文本，比如，数字读错、单位看错、漏看条件等是最常见的。

● 会错意。与读错题不同，会错意并没有漏读或读错文本，而是在题目文本的理解层面出了偏差。

例如，下面这个问题。

已知铅笔 3 元一支，尺子 5 元一把，记事本 6 元一本，笔盒 10 元一个，请问小明至少要带多少钱，才能随意购买两样文具？

要让低年级的孩子理解这个问题并不容易。首先，两样文具是指一样两件呢，还是指不同的两样？其次，随意购买是什么意思？能买两件是不行的，所带的钱需要能买任何两种文具才行。最后，碰到"最少""最多"这样的字眼，一定要万分注意。这里"至少"指的少 1 元不行，多 1 元不要。

读错题的后果很严重。主要体现在：

● 读错题，结果肯定错。

● 读错题，往往要花费更多的时间求解，导致分配给其他题的时间变少。

● 正确的道路通常赏心悦目，错误的道路往往布满荆棘。在错误的道路上艰难前行，常常会让自己在考试时变得心浮气躁。

对此，我给出的对策有下面几个。

● 放慢读题速度，切忌扫视。扫视并不是数学学习中特有的毛病，而是跟孩子平时的阅读习惯有关。平时养成了扫视的习惯，做数学题也会习惯使然。一定要搞清楚，数学题不是小说，读题一定要慢、要细。

● 题目读两遍再开始思考。不要读一遍就急于下笔，读两遍，确认没有漏掉内容再继续往下做。

● 圈重点、做标记。仅仅读还不够，最好用笔圈出题目中的每个条件，以及问的是什么问题。搞清楚哪些是题干，哪些是无关紧要的辅助场景。

● 揣摩每个条件的用途。一般而言，题目中的每个条件都是有用的。如果在考试时发现有些条件没用上就把题给解了，那一定要小心。并不是说这种情况不存在，而是很少出现。

● 揣摩出题人的意图。这一点对于避免会错意很重要，揣摩一下出题人到底想考你什么。有的时候可以变换一下角色，想想如果你是出题人，你会这么出题吗？

●谨慎联结已知套路。学多了套路的一大问题是看到似曾相识的问题时掩盖不住内心的激动，客观上加速了扫视，直接运用套路。最后的结果就是会错意，得出了错误的结果。这一点在第4章"套路是我们的敌人"中有详细的案例阐述。

●当越做越烦琐的时候及时提醒自己。这一点在低年级体现得并不明显，但进入高年级和中学以后特别明显。一般的数学问题如果能正确求解，过程和结果都比较优美，给人以美的享受。如果越算越烦琐，很可能是读错题的征兆。出现这种情况，八成是中间算错了，或者是一开始题目就读错了。这时最好别不撞南墙不回头，而要停下来重新审一下题。

●验算也从读题开始。切忌直接重算一遍。

原则2：珍惜当下

这条原则讲的是要即时验算，每做完一题，即时验算，不要等所有试卷都做完了再验算。一是刚做的题，自己印象深刻，验算也快速；二是可以即时标记，对于确定做对的题，全卷做完后就不用再验算了。

原则3：稳扎稳打，步步为营

这条原则主要适用于计算类问题。每做一步先确定这一步是正确的再往下做。否则，我们可能会做很多无用功。

例如下面这类计算题。

$(43 + 72 \times 21 - 25) \div 17 =$

如果前面任何一步出错了，那后面做的都将是无用功。

验算方法

代入验算法

顾名思义，代入验算就是把结果代入未知量，如果符合给出的条件，则答案就是正确的。用这种方法验算过的题目，可以直接标注为正确。

小学数学中比较难的是做逆向思考，很多问题其实在学过方程后就变得非常简单，比如和差倍问题、年龄问题、鸡兔同笼问题、盈亏问题等，这些问题都适合代入验算法。

例如下面这个问题。

哥哥今年 12 岁，妹妹今年 4 岁，请问哥哥多少岁时，年龄是妹妹的 2 倍？

如果求解得到 18 岁的答案，对不对？通过代入可知，18 岁是哥哥 6 年后，彼时妹妹为 10 岁，$18 \neq 2 \times 10$，因此答案错。

如果求解得到 16 岁的答案，对不对？通过代入可知，16 岁是哥哥 4 年后，彼时妹妹为 8 岁，$16 = 2 \times 8$，因此答案正确。

再如下面这道鸡兔同笼问题。

现有鸡兔同笼，共有 23 头和 86 足，请问鸡兔各有多少只？

如果解得鸡 10 只、兔 13 只，对吗？

代入可知，头共有 $10 + 13 = 23$ 只，足 $10 \times 2 + 13 \times 4 = 72$ 只，错！

殊途同归法

解数学题时，条条大道通罗马。如果用不同的方法得到了同样的解，那也基本能确认答案的正确性。这种一题多解的方法固然奏效，但对孩子的要求比较高。用这种方法验算过的题目，也可以直接标注正确。

对于上面的鸡兔同笼问题，即便不用代入验算，也可以用假设法解题，可以分别假设全是鸡或全是兔。

方法一：假设都是鸡，则共有 46 只脚，现在有 86 只脚，多了 40 只脚，每只鸡换成兔多 2 只脚，因此有 $40 \div 2 = 20$ 只兔，$23 - 20 = 3$ 只鸡。

方法二：假设全是兔，则共有 92 只脚，现有 86 只脚，少了 6 只，每只兔换成鸡少 2 只脚，因此有 $6 \div 2 = 3$ 只鸡，$23 - 3 = 20$ 只兔。

再看下面这个例子。

一个长 20 米、宽 15 米的长方形水池，外围有一条宽度为 2 米的路，请问这条路的面积是多少？

除了直接把所要求的面积拆分成多个规则形状，然后求和，还可以用整体减去部分的方法。

方法一（如下图）：

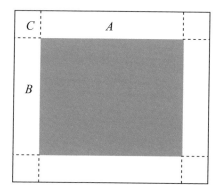

小路的面积 $= A \times 2 + B \times 2 + C \times 4$

$A = 20 \times 2 = 40$

$B = 15 \times 2 = 30$

$C = 2 \times 2 = 4$

小路面积 $= 40 \times 2 + 30 \times 2 + 4 \times 4 = 156$

方法二（如下图）：

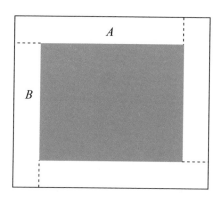

小路的面积 $= A \times 2 + B \times 2$

$A = (20 + 2) \times 2 = 44$

$B = (15 + 2) \times 2 = 34$

小路的面积 $= 88 + 68 = 156$

方法三：

小路的面积 $=$ 大长方形面积 $-$ 小长方形面积

大长方形面积 $= 24 \times 19 = 456$

小长方形面积 $= 20 \times 15 = 300$

小路的面积 $= 456 - 300 = 156$

对于一些简单的计数问题，我们当然可以用加法原理和乘法原理，那是不是还可以用原始的枚举法作为验算手段呢？

而对于那些令很多家长头疼的计算问题，我们则可以灵活地运用数的位值表示、交换律、结合律、分配律、因数分解等方法重新计算，尽量不要用原来的方法再算一遍。

例如：

计算 $165 + 365 - 162 = ?$

方法一：

$165 + 365 - 162 = 530 - 162 = 368$

方法二：

$165 + 365 - 162 = 165 - 162 + 365 = 3 + 365 = 368$

再看一个例子：

$(27 \times 23 + 9) \times 99 \div 70 = ?$

方法一：

$(27 \times 23 + 9) \times 99 \div 70$

$= (621 + 9) \times 99 \div 70$

$= 630 \times 99 \div 70$

$= 630 \times (100 - 1) \div 70$

$= (63000 - 630) \div 70$

$= 62370 \div 70$

$= 891$

方法二：

$(27 \times 23 + 9) \times 99 \div 70$

$= (9 \times 3 \times 23 + 9) \times 99 \div 70$（因数分解）

$= (9 \times 69 + 9) \times 99 \div 70$（结合律）

$= 9 \times (69 + 1) \times 99 \div 70$（乘法分配律）

$= 9 \times 70 \times 99 \div 70$

$= 9 \times 99 \times 70 \div 70$（交换律）

$= 9 \times 99 \times (70 \div 70)$（结合律）

$= 9 \times 99$

$= 9 \times (100 - 1)$

$= 9 \times 100 - 9$（乘法分配律）

$= 891$

特殊值法

有些时候，通过一般性的解法解得答案后，可以用特殊或极端取值对答案进行验证。其逻辑很简单：既然对所有情况都成立，那么对一些特殊的取值也成立。

特殊值法不仅可用于验算，还可用于搜索最初的答案。对于单选题来说，特殊值法最为奏效，能有效提高解题速度。

例如下面的问题。

下图中，O 是边长为 2 厘米的正方形的中心，$\angle POQ$ 为直角，求阴影部分的面积。

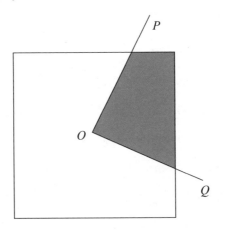

如果花了不少时间算出来面积是 1（至于怎么算，这里就不多说了，解题过程可从公众号"旺爸说数学与计算思维"中获得），那么到底对不对呢？可以假设一种特殊情况，即 $\angle POQ$ 的两条直角边和正方形的边分别垂直，那此时阴影部分的面积就是 1。

再看下面这道流水行船问题。

一艘船在一条河流中从 A 点顺流而下至 B 点，然后又从 B 点逆流而上至 A 点。如果水流速度为 0，那么整个航程需要 1 小时。如果水流的速度大于 0，那么整个航程需要的时间为＿＿＿＿。

A. 大于 1 小时   B. 恰好 1 小时   C. 小于 1 小时

如果用一般化的方法推导出了答案，那么就可以用特殊值法验算。假如水流的速度恰好等于静水的船速，那么船实际上处于很尴尬的状态，既不能进也不能退，也就是说返回时间为无穷大。因此，答案显然是大于 1 小时。

实验验证法

实验验证法是通过小规模的实验来验证抽象的猜想。对于一个规模较大的问题，当找出了规律但无法百分百确定时，可以用小规模实验进行验证，这也是科学研究经常会采用的一种办法。

我上小学和中学的时候很少背数学公式，原因在于容易记错。取而代之的，我是理解了原理后在考场上通过小规模的实验来简单推导和验证。这种方法对于数列问题尤其奏效。

对于刚学等差数列的孩子来说，最难的是计算项数，比如下面这个题。

2，5，8，11，…，2018，这个数列一共有多少项？

爱背公式的孩子常常不太确定项数到底是 $\dfrac{a_n - a_1}{d}$ 还是 $\dfrac{a_n - a_1}{d} + 1$，此时，就可以使用小规模实验验证法来验证。比如，就取题中前 3 项，那么 $\dfrac{8 - 2}{3} = 2$，因此求项数的公式应该是 $\dfrac{a_n - a_1}{d} + 1$。

再看几个例子。

数列 2，6，10，14，…的第 26 个数是多少？

答案是 60 对不对？每个数除以 4 都余 2，60 不符合。因此，这个答案错误。

n 条直线最多有多少个交点？

答案是 $\dfrac{n(n+1)}{2}$，对不对？

当 $n=1$ 时，$\dfrac{n(n+1)}{2}=1$，一条直线应该没有交点，因此不对。

答案是 $\dfrac{n(n-1)}{2}$，对不对？

$n=1$，取值为 0，正确；

$n=2$，取值为 1，正确；

$n=3$，取值为 3，正确；

$n=4$，取值为 6，正确。

因此，答案是对的。

估算法

估算可以帮人花很少的代价来发现一些明显的错误，但不能保证发现所有的错误。估算在研究工作中也是一种必备的素养。我在和我的研究生讨论问题时偶然也发现，有些学生给的结果明显有悖于常识，却也不假思索地呈现出来了，这就是缺乏估算的习惯。

取值的范围（上／下限）、常识、奇偶性、同余、末位数等，都可以用于辅助验算。

下面看几个例子。

10 年前妈妈的年龄是儿子年龄的 7 倍，15 年后妈妈的年龄是儿子的 2 倍，问今年妈妈和儿子各多少岁？

妈妈和儿子的年龄总得差个 20 来岁，但也不能超过 50 岁，这算是基本常识。因此，如果算出来妈妈和儿子的年龄分别是 30 岁和 18 岁，那大概就错了。

如果求汽车的速度时算得的结果大于 200 公里／小时或小于 20 公里／小时，基本上得重新计算一下了。

对于计算问题，奇偶性、同余等方法，能快速地确定答案是否正确。

例如：$102 \times 98 = ?$

这个结果大约等于 $100 \times 100 = 10000$；如果算出来 12016，那大概率是不对的。

那结果应该比 10000 大还是小呢？

因为 $102 + 98 = 100 + 100$，和相等，两个数越接近乘积越大。

因此，$102 \times 98 < 100 \times 100 = 10000$，算出来大于 10000 肯定错。

$377 \times 21 - 189 = ?$

答案是 73207，对吗？

奇数 × 奇数 − 奇数 = 偶数，所以不对。

答案是 71208，对吗？

奇偶性对，末位也对。但是 377 × 21 − 189 除以 9 的余数不是 0（因为 189 的各位数字之和为 1 + 8 + 9 = 18，能被 9 整除，所以 377 × 21 − 189 除以 9 的余数就等于 377 × 21 除以 9 的余数。而 377 乘以 21 除以 9 的余数等于这两个数分别除以 9 的余数相乘后再除以 9 的余数。377 除以 9 的余数等于各位数字之和（3 + 7 + 7 = 17）除以 9 的余数，为 8，21 除以 9 的余数为 3，因此 377 × 21 除以 9 的余数就等于 8 × 3 = 24 除以 9 的余数，为 6，而 71208 能被 9 整除，因此不对。

为什么要用除以 9 的余数来做验算？

原因有二：第一，除以 9 的余数有 0，1，2，…，8 这 9 种，产生"假阴性"（这里指虽然答案错误，但除以 9 的余数相同）的概率比较低；第二，除以 9 的余数比较容易计算，就是各位数字之和除以 9 的余数。

当然，大家完全可以用模其他数的余数做验算。从这个意义上说，奇偶性就是模 2 取余，但产生"假阴性"（按这种方法验算没问题，但实际上错了）的概率也高。如果要让出错概率更小，那完全可以用除以 99、999 等的余数做验算。

条件检查法

绝大部分题目的条件都是有用的。验算时可以逐一检查题目的每个条件是否被有效运用。如果有些条件没被用到，那就需要想想这些条件是干扰项，还是自己的解法存在问题。

已知∠1 = ∠2 = ∠3，图中所有锐角和为300°，求∠1的度数。

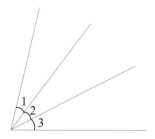

解法 1：300 ÷ 3 = 100°

这个解法当然错得离谱，因为 100° 不是锐角。

解法 2：设∠1 = x，因图中共有 6 个角，其中 3 个角的度数为 x，两个角的度数为 $2x$，最大的一个角的度数为 $3x$，所以：

$x + x + x + 2x + 2x + 3x = 300°$，因此：$x = 30°$

做完后，检查题目的条件，发现这个解答并没有用到锐角这个条件。

$3x = 90°$，90° 不是锐角。因此这个答案是错的。

那怎么做呢？

如果 $3x$ 不是锐角，那就先去掉再试一下。假设剩下的 5 个角都是锐角，有：

$x + x + x + 2x + 2x = 7x = 300°$，解得：$x = \dfrac{300°}{7}$

此时，$2x = \dfrac{600°}{7} < 90°$，为锐角，而 $3x = \dfrac{900°}{7}$，不是锐角。因此，$\dfrac{300°}{7}$ 是符合要求的答案。

而如果只有 3 个锐角，那 $3x = 300°$，$x = 100°$，矛盾。

因此，$\angle 1 = \dfrac{300°}{7}$ 为唯一的答案。

重复法

按老方法原封不动地重做一遍确实是许多人的验算习惯，但我认为这是验算的下下策。由于惯性思维的存在，重做一遍很可能会导致两次踏进同一条河流。当然，如果确实没有更好的办法，那可以作为最后的选择。

最后，一定不要忘了检查单位和答句！希望下面的场景不要再出现：

- 你怎么又没写单位?
- 啥，答句又忘写了?

如果因为丢三落四没有得到满分，那着实可惜!

提升篇
──MATH──

第 12 章

批判性思维的重要性

如果课堂教学过于强调标准答案，就会扼杀孩子的创造性思维。
有时候，我们要有意识地培养孩子的批判性思考和发散性思维。

一道找规律题

下面是网上的一道小学五年级找规律题。

请问，下面的序列中，括号内应该填几?

24，25，26，27，28，（　　　）

孩子填了 29，老师打了大大的叉，还给出冠冕堂皇的理由：因为前面都是合数，括号内应该填下一个合数，即 30。而留言中也有许多人说就该打叉，要不然怎么算五年级的题?

这分明是一道很好的拓展思维题，解答者却非得把它变成禁锢思维的工具，因此题目深深地烙上了计划教育的印记。就因为是五年级的题，所以他们非得让孩子按照五年级的知识点去思考问题，容不得半点其他合理的解释。小学阶段的基础教育是启蒙教育，不是职业技能培训，应该兼容并包，允许孩子发散思维。

我一直都反对所谓的标准答案，但这已经不仅仅是标准答案的问题了，而是"计划中的答案"，教育孩子变成了"计划孩子的思维"，这是我们应该极力避免的。

敲钟问题

再看另外一个常见问题。

时钟 2 点钟敲 2 下，2 秒敲完，5 点钟敲 5 下，几秒敲完？

网上给出的讲解如下。

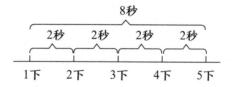

加法：2 + 2 + 2 + 2 = 8（秒）

乘法：2 × 4 = 8（秒）

按这个解答，敲钟是瞬时完成的，因此，2 秒是纯粹的间隔时间，敲 5 下有 4 个间隔，因此答案是 8 秒。

当我把这个问题发到群里的时候，有家长深有感触地说，孩子前段时间就碰到这个问题，老师也是按这种方法讲的。但孩子有疑问：为什么敲钟本身不占用时间？家长无法回答，只能跟孩子说碰到这类题就这么做，其他的不用问了。老师的回答是，这类题就按植树问题模型求解，敲钟这个事件在时间轴上看成一个点，比如敲 5 下对应 4 个间隔，所花的时间就是这 4 个间隔的时间。

不得不说，这种扼杀孩子疑问和思维的做法，会导致题做得越多，负面效果越大。因为在教学计划中教授的是类似植树的间隔问题，便将敲钟问题当成植树问题来求解，并且不允许有其他思考，这难道不是指鹿为马吗？

除了上面的瞬时完成敲钟，孩子的疑问其实对应了下面两种情况。一种是敲一下，静默一会儿，再敲一下。因此，2 点钟敲 2 下，对应下图。

而 5 点钟敲 5 下，几秒能敲完，则对应了 5 个敲的时间长度和 4 个静默的时间长度之和，如下图。

设敲的时间为 x，静默的时间为 y，则 $2x + y = 2$（$0 < x < 1$）

所求时间为：$5x + 4y$

$$5x + 4y = 5x + 4 \times (2 - 2x) = 8 - 3x$$

因此，$5 < 5x + 4y < 8$

另一种极端情况，是没有静默时间，敲完立刻敲下一次，从而敲一下的时间是 1 秒，因此，敲 5 下的时间为 5 秒。

综合上面三种情况，敲 5 下所花的时间 t 满足 $5 \leqslant t \leqslant 8$。

事实上，在所有的可能性中，敲钟瞬时完成是最不符合现实的一种假设。即便不用未知数，孩子也本有机会去探索一下问题的所有可能性，但是这种探索精神硬生生地被扼杀了。出题的老师和解题的老师真应该好好地去观察一下现实生活中的钟是怎么敲的。

轴对称日

最后来看我自己出的一道题。

2020 年 5 月 5 日，这在电子显示牌上是一个左右对称的轴对称日子，非常罕见。（注：我们只考虑左右轴对称，不考虑上下轴对称。）下一个轴对称日子是哪一天？

20200505

当我在群里提出这个问题后，大家众说纷纭。有的说是 20211202，有的说是 20511205，有的说是 50500202。其实这些都不对。

20211202 并不是个轴对称日，后面两个则太远了。下一个轴对称日应该是 20500205，如下图所示。

20500205

有人说轴对称日是千年一遇。是不是真的这么稀缺呢？我们不妨来计算一下从公元纪年开始到 2020 年 12 月 31 日为止一共经历了多少个轴对称日，前提是按照上面的方式用 8 位数来表示每一天。比如，公元 134 年 1 月 5 日表示成 01340105。

观察下图所示阿拉伯数字的电子显示牌表示方式，存在左右轴对称表示的数字只有 5 个，可以分为两类：

- 0，1，8：与数字本身轴对称；
- 2，5：与对方轴对称。

1234567890

假设一个年份用下面的 8 个字母来表示。由于是轴对称的，所以只要确定前 4 位或后 4 位即可。

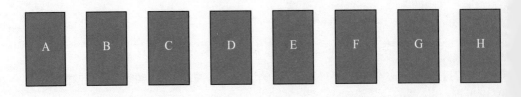

由于月份和日子的约束更严格，我们不妨从后 4 位开始考虑。

EF 是月份，一共只有 12 个取值，其中存在轴对称数的月份如下表（左列是 *EF*，右列给出了对应的年份后两位）。

EF	CD
01	10
02	50
05	20
08	80
10	01
11	11
12	51

GH 是日子，根据月份不同，可以有 28 ~ 31 个取值。其中，存在轴对称数的日子有 14 个，如下图。

01 02 05 08

10 11 12 15 18

20 21 22 25 28

由于目前我们的年份前两位才到 20，因此有些数值是不可取的，可取的 *GH* 及对应的 *AB* 值如下表。

GH	AB
01	10
05	20
10	01
11	11
20	05
21	15

由于存在轴对称表示的日子没有超过 28 的，因此月份确定后，这些日子都是可以的，一共有 7 × 6 = 42 种组合。但是以 20 开头的年份中，2050、2051、2080 这 3 个年份还没有到来，因此从公元零年开始至今的轴对称日有 42 − 3 = 39 个。

上一个轴对称日是什么时候？我最初给的答案是 20111105，这个日子离我们并不遥远。

20111105

但后来有一个四年级的小读者指出来，上面这组数字不能算轴对称。

明明看上去左右对称的啊，小朋友为什么说不是呢？这得把它放到电子数字显示牌上才能看出端倪。

原来，虽然两个 1 确实是左右对称的，但在电子显示牌上，数字都是靠右显示的，因此，这组数字实际上是不对称的。除非左右两侧的 1 一个靠左显示、一个靠右显示。

不得不说，这个小朋友的观察力让人惊叹！上千人都没有发现的问题，他一眼看穿。

在这个意义上，1 就不再是与自己呈左右轴对称的数字。那么，2020 年 5 月 5 日的前一个轴对称日是哪一天呢？

去掉 1，存在轴对称表示的数字只有 4 个，可以分为两类。

● 0、8：与数字本身轴对称；

● 2、5：与对方轴对称。

先看月份，只有 02、05 和 08 存在轴对称形式；

再看日子，只有 02、05、08、20、22、25、28 存在轴对称形式。

前一个轴对称日应该是 05800820，即公元 580 年 8 月 20 日。没想到，因为一个小朋友的细心纠错，轴对称日突然变得如此稀缺了。

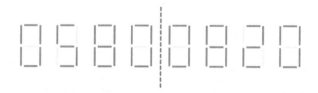

这才是孩子该有的批判性思维。

第 13 章

是最优解吗

有些时候，找出一个满足要求的可行解比较容易，但要找出最优解并不容易。对于没有考试压力的解题而言，我们应当把追求最优解当成一种使命，要有一种不找出最优解不罢休的精神。

最优配置问题

我们先看这样一个问题。

有 138 吨货物要从甲地运往乙地，大卡车的载重量是 5 吨，小卡车的载重量是 3 吨，大卡车与小卡车每车次的耗油量分别是 10 升和 7 升，问：如何选派车辆才能使运输耗油量最少？这时共需耗油多少升？

为了使得耗油量最少，我们要考虑每种运输方式的单位载重耗油量，然后尽量选用单位载重耗油低的运输方式。

在这个问题中，大卡车的单位载重耗油量为 $10 \div 5 = 2$ 升 / 吨，小卡车的单位载重耗油量为 $7 \div 3 = \dfrac{7}{3}$ 升／吨。因此，我们应该尽量多地选用大卡车进行运输。

由于 $138 \div 5 = 27 \cdots 3$，因此用 27 辆大卡车和 1 辆小卡车可以完成运输任务，而且此时所有卡车都满载，即没有空间浪费。这种方案的耗油量一定是最少的，总耗油为 $27 \times 10 + 7 = 277$ 升。

如果把上面问题中的货物重量改成 141 吨会怎样？此时 $141 \div 5 = 28 \cdots 1$，如果用 28 辆大卡车和 1 辆小卡车来完成运输任务，则总耗油为 $28 \times 10 + 7 = 287$ 升。这是不是最少的耗油量呢？我们得打个问号，因为此时小卡车并非满载，而是浪费了 2 吨的载重空间。

这也就引出了最优方案的第二个考虑因素，即除了尽量选用单位载重耗油量低的卡车，还要尽量避免卡车不满载。

假如所有卡车都满载，且尽量多地使用大卡车，那可以用 27 辆大卡车和 2 辆小卡车（$141 = 27 \times 5 + 2 \times 3$），此时耗油量为 $27 \times 10 + 2 \times 7 = 284$ 升，小于 287 升。因此，使用 27 辆大卡车和 2 辆小卡车可以使得耗油量最低，为 284 升。

有了上面的分析，我们再来看一个问题：

有 47 名小朋友，老师要给每人发 1 支红笔和 1 支蓝笔。商店中每种笔都是 5 支一包或 3 支一包，不能打开包零售。5 支一包的红笔 61 元，蓝笔 70 元，3 支一包的红笔 40 元，蓝笔 47 元。老师买所需要的笔最少要花多少元？

针对这个问题，我们要先比较一下各种售卖方式里红笔和蓝笔的单价，如下表。

	5 支一包	3 支一包
红笔	12.2 元 / 支	13.33 元 / 支
蓝笔	14 元 / 支	15.67 元 / 支

由于 5 支一包的笔单价低，因此应该尽量多买 5 支一包的包装。由于 $47 \div 5 = 9 \cdots 2$，老师的第一种方案可以是买 5 支一包的红笔和蓝笔各 9 包，3 支一包的红笔和蓝笔各 1 包，所需的费用如下表。

	5 支一包	3 支一包	小计
红笔	9 包	1 包	589 元
蓝笔	9 包	1 包	677 元
总计			1266 元

但是，按上述方式购买，红笔和蓝笔都多买了一支。我们再来看第二种方案。

由于 $47 = 5 \times 7 + 3 \times 4$，即购买 7 包 5 支一包的包装和 4 包 3 支一包的包装时，恰好能买到 47 支红笔和 47 支蓝笔，这种方案对应的钱数如下表。

	5 支一包	3 支一包	小计
红笔	7 包	4 包	587 元
蓝笔	7 包	4 包	678 元
总计			1265 元

可以看到，按这种方案购买，所花的钱要比第一种方案少1元。

这种方法是不是最优解呢？也不是。因为我们并没有要求红笔和蓝笔要用同样的购买方案。上面的表格显示，红笔用第二种方案购买更省钱，而蓝笔则用第一种购买方案更省钱，因此，我们可以把这两种方案组合起来，从而得到了如下表所示的最优购买方案。

	5 支一包	3 支一包	小计
红笔	7 包	4 包	587 元
蓝笔	9 包	1 包	677 元
总计			1264 元

最优策略问题

我们看下面这个问题。

甲和乙每人都有一个标准的六面骰子，骰子的六个面分别是1，2，3，4，5，6这6个点数。他们掷骰子的规则是，谁的点数大谁获胜，点数相同则是平局，他们将重新掷。

现在，甲的骰子上的点不是固定的，而是可移动的贴画，他可以取下来贴到其他任意一面上。比如，他可以将点数为1的面上的点取下来贴到点数为4的面上，从而使得6个面的点数变成了0，2，3，5，5，6。请问，甲有没有一种办法来重置手头骰子各个面上的点数，使得他赢得比赛的可能性更高？

通过尝试，我们发现这是可以实现的。例如，如果甲将骰子的六个面的点数变成（0、2、3、4、6、6），即将点数为 1 的面上的点取下来贴到点数为 5 的面上，那么甲的胜率为 16/36，负率为 15/36，胜负情况如下表。

乙 \ 甲	0	2	3	4	6	6
1	乙	甲	甲	甲	甲	甲
2	乙	平	甲	甲	甲	甲
3	乙	乙	平	甲	甲	甲
4	乙	乙	乙	平	甲	甲
5	乙	乙	乙	乙	甲	甲
6	乙	乙	乙	乙	平	平

而如果变成（0、0、3、6、6、6），甲的胜率可达 17/36，负率为 15/36，胜负情况如下表。

乙 \ 甲	0	0	3	6	6	6
1	乙	乙	甲	甲	甲	甲
2	乙	乙	甲	甲	甲	甲
3	乙	乙	平	甲	甲	甲
4	乙	乙	乙	甲	甲	甲
5	乙	乙	乙	甲	甲	甲
6	乙	乙	乙	平	平	平

虽然上面的两种构造方法已经能回答原问题，但一个明显的问题是：甲能达到的最大胜率是多少？能达到最大胜率的最优配置有哪些？

经过不断尝试后发现，似乎不存在比 17/36 更高的胜率了。那么 17/36 就是最高的胜率了吗？

甲骰子上的点数可能是 $0 \sim 6$ 或 7^+，对于甲骰子的某个点数，乙掷完骰子后，甲的胜、平、负的可能情况列表如下。

甲的点数	胜	平	负
0	0	0	6
1	0	1	5
2	1	1	4
3	2	1	3
4	3	1	2
5	4	1	1
6	5	1	0
7^+	6	0	0

我们发现，一个面上如果多于 7 个点是没必要的。这是因为如果某个面 A 超过 7 个点，那么移动 A 上的一个点到不满 6 个点的任何一个面上，可以增加另一个面的胜率或减少它的负率，但并不改变 A 面的胜率（100%）。重复这一操作，可以使得每个面上的点数不超过 7 个，从而使得胜负率之差有所增加。

下面，我们假设每次从拥有 a 个点的面移动一个点到原本拥有 b

个点的面，我们把这次移动记作 $(a, b) \to (a-1, b+1)$，我们用三元组来表示这两个面的胜、平、负总计情况，如 $(4, 0) \to (3, 1)$，那么原本的两个面 $(4, 0)$ 的胜、平、负数量之和表示成三元组为 $(3, 1, 8)$，变成 $(3, 1)$ 后，两个面胜、平、负数量之和表示成三元组为 $(2, 2, 8)$。

下表给出了所有 $(a, b) \to (a-1, b+1)$ 的点数变化，胜、平、负数量之和的变化以及胜负率之差的变化情况（注意：我们合并了一些同类项，以简化整个表格）。

a \ b		0	1 ~ 5	6	7^+
1	点数变化	$(1, 0)$ $\to$ $(0, 1)$	$(1, b)$ $\to$ $(0, b+1)$	$(1, 6)$ $\to$ $(0, 7)$	$(1, 7^+)$ $\to$ $(0, 8^+)$
	胜、平、负数量之和	$(0, 1, 11)$ $\to$ $(0, 1, 11)$	$(b-1, 2, 11-b)$ $\to$ $(b, 1, 11-b)$	$(5, 2, 5)$ $\to$ $(6, 0, 6)$	$(6, 1, 5)$ $\to$ $(6, 0, 6)$
	胜负率之差	不变	增加	不变	降低
2 ~ 6	点数变化	$(a, 0)$ $\to$ $(a-1, 1)$	(a, b) $\to$ $(a-1, b+1)$	$(a, 6)$ $\to$ $(a-1, 7)$	$(a, 7^+)$ $\to$ $(a-1, 8^+)$
	胜、平、负数量之和	$(a-1, 1, 12-a)$ $\to$ $(a-2, 2, 12-a)$	$(a+b-2, 2, 12-a-b)$ $\to$ $(a+b-2, 2, 12-a-b)$	$(a+4, 2, 6-a)$ $\to$ $(a+4, 1, 7-a)$	$(a+5, 1, 6-a)$ $\to$ $(a+4, 1, 7-a)$
	胜负率之差	降低	不变	降低	降低

	点数变化	$(7, 0)$ $\rightarrow$ $(6, 1)$	$(7, b)$ $\rightarrow$ $(6, b+1)$	$(7, 6)$ $\rightarrow$ $(6, 7)$	$(7, 7^+)$ $\rightarrow$ $(6, 8^+)$
7	胜、平、负数量之和	$(6, 0, 6)$ $\rightarrow$ $(5, 2, 5)$	$(b+5, 1, 6-b)$ $\rightarrow$ $(b+5, 2, 5-b)$	$(11, 1, 0)$ $\rightarrow$ $(11, 1, 0)$	$(12, 0, 0)$ $\rightarrow$ $(11, 1, 0)$
	胜负率之差	不变	增加	不变	降低

由上面的表格可以看出：

(1) 如果一个面只有 1 个点，那么将这个点移动到其他拥有 1 ～ 5 个点的面上会增加胜负率差；

(2) 如果一个面上有 7 个点，那么将其中的点移动到拥有 1 ～ 5 个点的某个面上，也能增加胜负率差；

(3) 如果一个面已经有 6 个点，再将其他面（点数 ≤ 6）的点移动到这个面上，不能增加胜负率差。

上面第二点说明，最优的配置不应该存在一个面有 7 个点的情况，也就是在最优配置情况下，所有面的点数都不超过 6 个。在这一条件约束下，唯一能有效增加胜负率差的方法就是将只有 1 个点的面上的点移到拥有 1 ～ 5 个点的面上。

因此，我们可以逐步采用下面的移动方法，胜率大小按照从小到大排列。

$(1,\ 2,\ 3,\ 4,\ 5,\ 6) < (0,\ 3,\ 3,\ 4,\ 5,\ 6)$

$=(0,\ 2,\ 4,\ 4,\ 5,\ 6)$

$=(0,\ 1,\ 5,\ 4,\ 5,\ 6) < (0,\ 0,\ 4,\ 5,\ 6,\ 6)$

$=(0,\ 0,\ 5,\ 5,\ 5,\ 6)$

$=(0,\ 0,\ 3,\ 6,\ 6,\ 6)$

因此，最优配置有三种情况，即 $(0,\ 0,\ 4,\ 5,\ 6,\ 6)$，$(0,\ 0,\ 5,\ 5,\ 5,\ 6)$ 和 $(0,\ 0,\ 3,\ 6,\ 6,\ 6)$。

第**14**章

方法可扩展吗

关于速算技巧

一些培训机构热衷于教速算技巧，比如，十位数相同、个位数互补^①的两位数乘法 36×34，速算解法如下：

(1) $3 + 1 = 4$

(2) $3 \times 4 = 12$

(3) $6 \times 4 = 24$

(4) $36 \times 34 = 1224$

总结：十位数加 1，乘以十位数，在得到的结果后面再写上两个个位数的乘积，即为所求两位数相乘的积。

注意：个位相乘，不够两位数要用 0 占位，比如 $29 \times 21 = 609$。

十位数互补、个位数相同的两位数乘法 85×25，速算解法如下：

---

① 互补：指两个数字加起来为 10。

（1）$8 \times 2 + 5 = 21$

（2）$5 \times 5 = 25$

（3）$85 \times 25 = 2125$

总结：十位数相乘，再加个位数，在得到的结果后面再写上两个相同个位数的乘积，即为所求最终积（注意：个位相乘，不够两位数要用 0 占位）。依葫芦画瓢，73×33 应该等于 2409。

其中一个数的十位和个位互补，另一个数个位与十位数字相同的乘法 82×99，速算解法如下：

（1）$(8 + 1) \times 9 = 81$

（2）$2 \times 9 = 18$

（3）$82 \times 99 = 8118$

总结：互补数十位加 1，和另一个数的十位相乘所得积，在这个结果后面再写上两个数的个位数之积，即为所求最终积。依葫芦画瓢，$73 \times 55 = 4015$。

如果要问还有哪些速算技巧，这些培训机构大概可以罗列出一大筐。但问题来了，这么多口诀，每一种都只适用于特定的一小类问题，怎么记？记错了怎么办？

我的观点是：不必记，也不必去学这些速算技巧。任何不可扩展和没有普适性的方法，学之前都要慎重。对于四则运算而言，掌握数的位值表示、交换律、结合律、分配律和因数分解等，就能够解决大部分计算中的巧算问题。

以 36×34 为例。

36×34

$$= (30 + 6) \times (30 + 4)$$

$$= 30 \times 30 + (6 + 4) \times 30 + 24$$

$$= 30 \times 30 + 10 \times 30 + 24$$

$$= (30 + 10) \times 30 + 24$$

$$= 40 \times 30 + 24$$

$$= 1224$$

所以速算技巧中第一步 3×4 的原因就在于：

$6 + 4 = 10$，$10 + 30 = 40$。

再看下面这样的计算题。

$42 \times 137 - 80 \div 15 + 58 \times 138 - 70 \div 15$

我们可以灵活运用一些基本运算规则简化计算。

$$42 \times 137 - 80 \div 15 + 58 \times 138 - 70 \div 15$$

$$= 42 \times 137 + 58 \times 138 - (80 + 70) \div 15$$

$$= 42 \times 137 + 58 \times 137 + 58 - 150 \div 15$$

$$= (42 + 58) \times 137 + 58 - 10$$

$$= 13700 + 48$$

$$= 13748$$

可以看到，这个过程中我们运用了交换律和分配律。这些基本的运算规则，才是藏在一切看似玄乎的速算技巧背后的真理。

数长方形

我们来看一个经典的数长方形问题。

数一数下面的图中一共有多少个长方形。

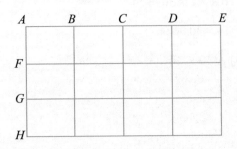

碰到这样的问题，第一反应是先分类，然后数出或算出每一类长方形的个数，最后相加。具体到分类，我们可以按长方形的形状来分类（底 × 高）：

长方形类别	个数
1×1	3×4
1×2	2×4
1×3	1×4
2×1	3×3
2×2	2×3
2×3	1×3
3×1	3×2
3×2	2×2
3×3	1×2
4×1	3×1
4×2	2×1
4×3	1×1

总计：60

或者，我们也可以按长方形的起点（左上角顶点）分类。

左上角顶点在第一行：

A：$4 \times 3 = 12$

B：$3 \times 3 = 9$

C：$2 \times 3 = 6$

D：$1 \times 3 = 3$

左上角顶点在第二行：

F：4×2

：3×2

：2×2

：1×2

左上角顶点在第三行：

G：4×1

：3×1

：2×1

：1×1

总计：60

如果一个三四年级的孩子能把这个分类分好，并且准确算出每一类里的个数，那已经很不错了。这个过程需要十分的耐心和百分的细心，任何一个环节出问题都会功亏一篑。

但这个做法有个致命的问题：可扩展性差。如果长方形网格是 10×9 的呢？

如果我们对刚才的加法过程做进一步分析，可能会有所发现：

$3 \times 4 + 2 \times 4 + 1 \times 4 + 3 \times 3 + 2 \times 3 + 1 \times 3 + 3 \times 2 + 2 \times 2 + 1 \times 2 + 3 \times 1 + 2 \times 1 + 1 \times 1$

$= (3 + 2 + 1) \times 4 + (3 + 2 + 1) \times 3 + (3 + 2 + 1) \times 2 + (3 + 2 + 1) \times 1$

$= (3 + 2 + 1) \times (4 + 3 + 2 + 1)$

$= 60$

（3 + 2 + 1）和（4 + 3 + 2 + 1）看上去很特别。实际上 $4 + 3 + 2 + 1 = 10$，正是横着的 $A \sim E$ 之间的线段数量，而（3 + 2 + 1）则是竖着的 $A \sim H$ 之间的线段数量。

为什么长方形的个数正好等于横着的线段数量乘以竖着的线段数量？这就涉及——对应的概念。选定了一个长方形，它的长与宽在水平轴和垂直轴上的投影线段就唯一确定了；反过来，确定了水平轴和垂直轴上的两条线段，也就唯一地确定了一个长方形。所以，两者是一一对应的。

在这个例子中，在 AE 上选一条线段，在 AH 上选一条线段，就对应了一个长方形（具有唯一性）。

例如：横着选 BD，竖着选 AG，则对应了图中涂色的长方形。

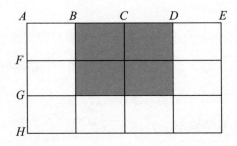

因此，可以把确定一个长方形分为两步：

第一步：在 AE 上选一条线段，一共有 10 种选法；

第二步：在 AH 上选一条线段，一共有 6 种选法；

总计有 $10×6=60$ 种选法，这样对应了 60 个长方形。

这个方法就可以很方便地扩展到 $10×9$ 的网格长方形上。

第一步：在水平的 11 个点里选 2 个点构成一条线段，一共有 $11×10÷2=55$ 种选法；

第二步：在垂直的 10 个点里选 2 个点构成一条线段，一共有 $10×9÷2=45$ 种选法；

总计有 $55×45=2475$ 种选法，对应了 2475 个长方形。

除了确定长和宽，确定一条对角线也能唯一确定一个长方形（如下图中的蓝色对角线就唯一确定了长方形 $BMND$）。

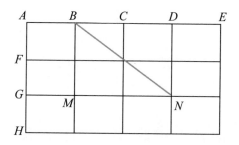

按这个思路，选择对角线可以按下面两步走：

第一步：选择一个顶点 X，有 $5 \times 4 = 20$ 种选法；

第二步：选择另一个顶点 Y，注意 Y 不能与 X 在同一行与同一列，因此只有 12 种选法；

总计 $20 \times 12 = 240$ 种。

由于先选 X 后选 Y 和先选 Y 后选 X 得到的是同一条对角线，因此去除重复后得到 120 种对角线的选法。

这个结果与之前算得的 60 不同，120 是 60 的两倍，为什么呢？

这是因为虽然一条对角线对应了一个长方形，但反过来，一个长方形有两条对角线。如下图所示，对角线 BN 和 DM 对应的是同一个长方形 $BMND$，即对角线与长方形的对应不是一一对应，而是二对一。因此，长方形的个数是对角线条数的一半，即 $120 \div 2 = 60$。

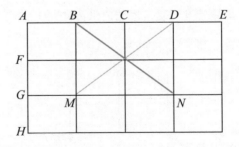

这个方法同样可以很方便地扩展到大规模网格。

计算线段长度之和

再来看这么一个问题。

如下图，每一段的长度标在了线段上方。请问，所有线段之和是
多少？

初看到这个问题，很多人的第一想法是分类：

只包含 1 段的线段（指的是 *AB*，*BC* 这种）有：*AB*，*BC*，*CD*，
DE，*EF*，*FG*，其长度之和为 11；

恰好包含 2 段的线段有：*AC*，*BD*，*CE*，*DF*，*EG*，其长度之和
为 18；

恰好包含 3 段的线段有：*AD*，*BE*，*CF*，*DG*，其长度之和为 21；

恰好包含 4 段的线段有：*AE*，*BF*，*CG*，其长度之和为 21；

恰好包含 5 段的线段有：*AF*，*BG*，其长度之和为 18；

恰好包含 6 段的线段有：*AG*，其长度之和为 11。

因此，总长度为 11 + 18 + 21 + 21 + 18 + 11 = 100。

或者按照另外的规则来分类，比如以 *A* 为左端点的线段，以 *B* 为
左端点的线段，等等。

这么做也无可厚非。但是，如果端点的数量暴增到 100 个，那还
能保证枚举正确吗？所以，这个方法的可扩展性不强。这时就要思考

一下有没有其他更好的办法了。很多时候，捷径和发明都来自懒人思维。偷懒并不是不干，而是希望花最小的代价漂亮地干完。

我们不妨换个角度思考。AB 这条原子线段[①]出现在了 AB，AC，AD，AE，AF，AG 这 6 条以 A 为左端点的所有线段中。

再观察 BC，有哪些线段包含 BC 呢？BC，BD，BE，BF，BG，CA。稍不留神，会认为也是 6 条，从而错误地归纳出每一条原子线段都被 6 条线段包含，得出所有线段之和就是所有原子线段长度之和的 6 倍，即 $11 \times 6 = 66$ 的结论。包含原子线段 BC 的线段并不一定要以 B 或 C 为端点，比如 AD，AG 都包含 BC。包含 BC 这条原子线段的所有线段的共同点在于左端点位于 B 或 B 的左侧（A 或 B 两种可能），右端点位于 C 或 C 的右侧（C，D，E，F，G 五种可能），因此一共有 $2 \times 5 = 10$ 种可能。

依此类推，包含 CD 和 DE 的线段各有 3×4 条，包含 EF 的线段有 2×5 条，包含 FG 的线段有 6 条。如果我们把每一条线段都剪成原子线段，那最后线段的总和就变成将各原子线段的长度乘以出现的次数，然后相加。因此，所有的线段之和为 $6 \times 1 + 2 \times 5 \times 2 + 3 \times 4 \times 1 + 4 \times 3 \times 2 + 5 \times 2 \times 2 + 6 \times 3 = 100$。

最后，再来分析一下两种方法的计算量。

第一种方法，所需要做的就是加法。

只包含 1 段的线段有 6 条，线段长度不需要做加法；

只包含 2 段的线段有 5 条，每条线段长度需要做 1 次加法；

---

① 原子线段：指不包含更小线段的线段。

只包含 3 段的线段有 4 条，每条线段长度需要做 2 次加法；

只包含 4 段的线段有 3 条，每条线段长度需要做 3 次加法；

只包含 5 段的线段有 2 条，每条线段长度需要做 4 次加法；

只包含 6 段的线段有 1 条，每条线段长度需要做 5 次加法；

因此，计算出这 21 条线段的长度，需要进行 $5 \times 1 + 4 \times 2 + 3 \times 3 + 2 \times 4 + 1 \times 5 = 35$ 次加法。

然后，把这 21 条线段逐一相加得出总长度，还需要做 20 次加法，因此，一共需要做 55 次加法。

第二种方法，首先需要计算出包含 6 条原子线段的次数，因此需要做 6 次乘法；然后再用 6 次乘法计算出每条原子线段在总长度中的贡献，最后再进行 5 次加法。因此总计需要 12 次乘法和 5 次加法。

如果说对这个小规模的问题来说，计算量的差别还不是太大，那么我们可以考虑一下有 100 个小段组成的线段。

第一种方法需要的计算量：$99 \times 1 + 98 \times 2 + \cdots + 2 \times 98 + 1 \times 99 + C\,(101，2) - 1$ 次加法，其中 $C\,(101，2) = \dfrac{101 \times 100}{2 \times 1}$ 为线段的条数；

第二种方法需要的计算量：200 次乘法 + 99 次加法。

孰优孰劣，一目了然。

第 15 章

一题多解

很多时候，同一个问题存在不止一种解法。从不同的角度去审视一个问题，给出多种解法，可以让我们对问题看得更全面，理解得更深刻。在没有时间限制的条件下，我们做题时不要只满足于一种解法，而要尽量追求一题多解，这对于提升数学解题能力是有重要帮助的，比多做几道类似的题有意义得多。

数长方形

我们来看下面这个问题。

请问下面的图形中一共有多少个长方形？（注：正方形也算长方形。）

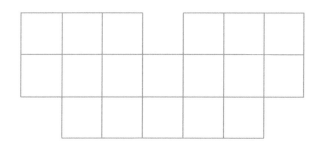

这个问题有多种不同的解法，正好可以诠释一题多解。

方法一：枚举法

这也是小朋友们比较喜欢的方法，可以按照长方形包含的小正方形个数来枚举：

包含 1 个：18 个；

包含 2 个：25 个；

包含 3 个：14 个；

包含 4 个（含 1×4 和 2×2 两种）：14 个（其中，1×4 型 6 个，2×2 型 8 个）；

包含 5 个：4 个；

包含 6 个（含 2×3 和 1×6 两种）：9 个（其中，2×3 型 7 个，1×6 型 2 个）；

包含 7 个：1 个；

包含 8 个（2×4）：2 个；

包含 9 个：0 个；

包含 10 个（2×5）：1 个；

共计：88 个。

方法二：容斥原理

这个图看上去就是比完整的长方形少了 3 个小正方形。不妨设缺的左下、右下和中上的小正方形分别为 X、Y、Z。

如果补上 X、Y、Z，那么就成为一个规则的长方形。这个规则网格长方形包含的长方形个数，可以用上一小节的乘法原理计算出来。但这样肯定多算了，再减去包含 X 或 Y 或 Z 的长方形个数即可。

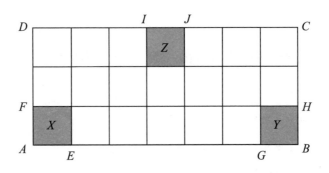

基于这一思路，我们得到了下面的解法：

第一步：补上 X、Y、Z 后是 7×3 的长方形，总共包含 C（8，2）×C（4，2）＝28×6=168 个长方形。

第二步：求出包含 X、Y 或 Z 的长方形个数。这可以用容斥原理进行计算。

包含 X 的长方形：长方形下面水平边的左端顶点固定，只有一种选法，右端顶点可以位于 E～B 之间，有 7 种选法；左侧垂直边的下端顶点只有一种选法，上端顶点在 F～D 之间，有 3 种选法，因此一共有 7×3=21 个。

包含 Y 的长方形：根据对称性，与包含 X 的长方形个数相同，也是 21 个。

包含 Z 的长方形：上面水平边的左端顶点在 $D \sim I$ 之间，有 4 种选法；右端顶点在 $J \sim C$ 之间，有 4 种选法，因此水平边有 $4 \times 4 = 16$ 种可能，垂直边只有 3 种选法，因此，一共有 48 个。

同时包含 X、Y 的长方形：一共有 3 个。

同时包含 X、Z 的长方形：一共有 4 个。

同时包含 Y、Z 的长方形：一共有 4 个。

同时包含 X、Y、Z 的长方形：有 1 个。

因此，根据容斥原理，包含 X 或 Y 或 Z 的长方形总共有 $21 + 21 + 48 - 3 - 4 - 4 + 1 = 80$ 个。

第三步：原问题的答案为 $168 - 80 = 88$ 个。

方法三：图形拆分法 + 容斥原理

将图形拆分成一些规则图形，然后分别计数并相加。拆分可以有不同的方法，比如下面这种。

如图所示，将左上方 2×3 的区域设为 A，右上方 2×3 的区域设为 B，下方 2×5 的区域设为 C。

　　第一步：A、B 均有 $C(3, 2) \times C(4, 2) = 18$ 个长方形，C 有 $C(3, 2) \times C(6, 2) = 45$ 个长方形。

　　第二步：A 和 C 重叠的是 1×2 的长方形，包含 3 个长方形，每个都重复计算了 1 次，同理，B 和 C 重叠部分也一样，这部分要减去。

　　第三步：横跨 A 和 C 的长方形有 3 个（必须有一个格子不在 A 中但在 C 中，同时也必须有一个格子不在 C 中但在 A 中，即由 4，5，6，9 这 4 个格子，4，5，6，9，14 这 5 个格子和 4，5，6，9，14，15 这 6 个格子分别组成的长方形），同样，横跨 B、C 的长方形有 3 个，由于这些跨不同区域的长方形之前都没计入总数，因此要加上。

　　第四步：横跨 A、B、C 的长方形有 1 个（即由 4，5，6，9，14，15，16 这 7 个格子组成的长方形），要加上。

　　第五步：竖跨 A、C 的长方形有 3 个（分别由 2，5，7 这 3 个格子，3，6，8 这 3 个格子和 2，3，5，6，7，8 这 6 个格子组成的长方形），竖跨 B、C 的长方形有 3 个，这部分也要加上。

　　因此，总共有 $2 \times 18 + 45 - 2 \times 3 + 2 \times 3 + 1 + 2 \times 3 = 88$ 个。

谁先到咖啡馆

下面这道题很有意思，三种不同的解法正好体现了几种不同的宏观数学思维方法：离散化方法、概率与对称思维、数形结合方法。

你明天约定与 A、B 两人去咖啡馆，你可以预期 A 会在 8：00 ～ 12：00 随机到达，B 会在 6：00 ～ 10：00 随机到达，两人在任何时间点到达的可能性相同（服从均匀分布），且两人到达的时刻互不干扰（相互独立），请问：

（1）A 明天先于 B 到达咖啡店的概率是多少？

（2）A 明天先于 B 一小时到达咖啡店的概率是多少？

乍一看，这题有点儿唬人。但一般而言，如果是离散的取值，古典概率问题都可以变成计数问题，从而有下面的近似解法一。

解法一

先算出 A 和 B 所有到达的时刻组合数，然后算出 A 先于 B 到达咖啡馆的时刻组合数，那么用后者除以前者即可得到 A 先于 B 到达的概率。

小学高年级的学生看到这个题，多数会假设 A 和 B 都在整分钟的时刻点到达。也就是说，限定 A 到达的时刻为：8：00、8：01、8：02 … 11：59、12：00，总计：$60 \times 4 + 1 = 241$ 个。

限定 B 到达的时刻为：6：00、6：01、6：02 … 9：59、10：00，

总计：$60 \times 4 + 1 = 241$ 个。

因此，所有的到达时刻组合有 241×241 种。

而在这些组合中，A 先于 B 到达的情况如下：

A 到达时刻	B 到达时刻	小计
8：00	8：01 ~ 10：00	120
8：01	8：02 ~ 10：00	119
……	……	……
9：59	10：00	1
总计		$120 + 119 + \cdots + 1$

因此，A 先于 B 到达的时刻组合一共有 $120 + 119 + \cdots + 1 = 121 \times 60$ 种，从而，A 先于 B 到达的概率为：

$$\frac{121 \times 60}{241 \times 241} \approx \frac{1}{8}$$

当然，这种解法最大的问题在于我们限制了 A 和 B 只能在整分钟到达，这是不严谨的。实际上，A 和 B 完全可以在 1 分钟之内的任何时刻到达。

解法二

除了上面的解法，如果有敏锐的观察力，这个问题还可以这么考虑。

A 的到达时间为 8：00 ~ 12：00，如果 A 在 10：00 ~ 12：00 到达，那么 A 不可能先于 B 到达，也就是这一半的情况中，A 不可能先于 B

到达。因此只需考虑 A 在 8：00 ~ 10：00 到达的情况。

此时，如果 B 在 6：00 ~ 8：00 到达，那么 A 也不可能先于 B 到达，因此只有 B 在 8：00 ~ 10：00 到达时，A 才可能先于 B 到达。

当 A 和 B 都在 8：00 ~ 10：00 到达时，两人谁先谁后的可能性应该一样，因此，A 先于 B 到达的概率为 $\dfrac{1}{8}$。

整个分析过程可以画成如下的树形结构。

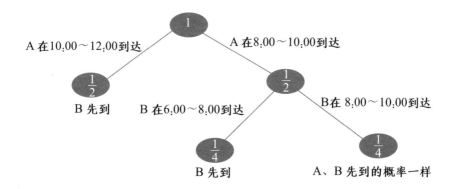

解法三

第一种方法虽然能给出估计的概率，但问题是到达的时刻并不一定是整分钟，也可以是 8：03：01 这样的时间抵达，甚至还可以是 $\dfrac{1}{10}$ 秒或更细的时间粒度。这就涉及离散和连续的问题。到达的时间应该可以取任何连续的值。这是不是让你想起了数轴上的点呢？数轴上的点可以表示整数，也可以表示任意数。

因此，如果我们设 A 的到达时间为 x，B 的到达时间为 y，那么 A 和 B 的到达时间组成一个二元组（x，y），取值区间分别

是 [8：00 ~ 12：00] 和 [6：00 ~ 10：00] ，从而可以把它看成如下图所示的平面上的一个点。

在这个图中，A 先于 B 到达的区域为图中橙色所示的区域，而剩余部分则为 B 先于 A 到达的区域，倾斜 45° 的线段表示的是 A 和 B 同时到达的情形。因此，计算 A 先于 B 到达的概率就转换成了计算橙色区域面积与整个长方形的面积之比。显见，这个比值为 $\dfrac{1}{8}$，即 A 先于 B 到达的概率为 $\dfrac{1}{8}$。

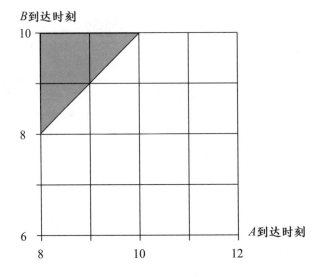

第二问中，要求 A 先于 B 一小时到达，那倾斜 45° 的线段还需要再往上平移 1 小时，从而概率只有 $\dfrac{1}{32}$。

可以看到，最后这种方法是数形结合的一个绝佳例子。

算术解法与方程解法

小学阶段，很多老师都要求用算术方法解题而不用方程求解，我并不赞同这种观点。因为很多时候，算术方法是一种逆向思考，并不容易想出来，而方程解法则是一种正向思考，一般比较容易想出解法。小学四五年级以后，在掌握算术方法的前提下，孩子们完全可以从算术方法逐步过渡到方程和代数的方法，这样可以与中学的学习无缝衔接。因此，类似于下面这种行程问题，最好能同时掌握算术与方程两种解法。

甲、乙、丙三辆车同时从 A 地出发到 B 地去，甲、乙两车的速度分别为 60 千米／小时和 48 千米／小时。有一辆迎面开来的卡车分别在甲、乙、丙出发后 6 小时、7 小时、8 小时先后与这三辆车相遇。求丙车的速度。

解法一：算术解法

如下图所示，假设卡车和甲在 C 地相遇，此时乙、丙分别行至 D、E，此时甲、乙、丙和卡车都走了 6 小时。

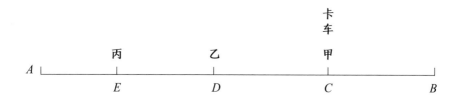

CD 的距离为甲比乙 6 小时多走的路程，即 $(60-48)\times6=72$ 千米。

此时卡车和乙相向而行，过了 1 小时相遇，因此卡车的速度为 $72-48=24$ 千米/小时。

AB 之间的总路程为：$(60+24)\times6=504$ 千米。

卡车和丙 8 小时后相遇，因此两者速度之和为：$504\div8=63$ 千米/小时，从而丙车的速度为：$63-24=39$ 千米/小时。

解法二：方程解法

设卡车速度为 x 千米/小时，则有：

$$(x+60)\times6=(x+48)\times7$$

解得：$x=24$ 千米/小时

从而，AB 相距 $84\times6=504$ 千米。

由于卡车和丙 8 小时后相遇，两者速度之和为：$504\div8=63$ 千米/小时。

因此，丙的速度为：$63-24=39$ 千米/时。

综合案例篇

MATH

综合案例一：

翻硬币

这是一个经典的翻硬币问题。从这个案例中我们可以看到问题探索、问题抽象、问题证明和举一反三的整个过程。

问题

请仔细看下面图中的一排硬币，每枚硬币都有两个面，一面是银色，另一面是金色。

如果每次翻转相邻的两枚硬币，是否有可能让这些硬币的金色一面全部朝上呢？

给小朋友们讲这道题时，我发现有的小朋友虽然知道不能，但他们的解释不正确。

如果你是第一次做这样的问题，第一反应可能是：试！如下图，矩形框标出每次翻动哪 2 枚硬币。

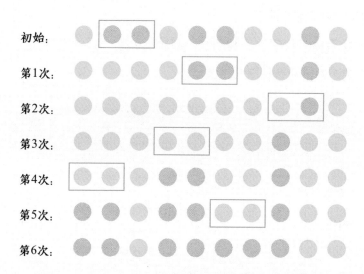

我们发现，翻了若干次后，都不能让硬币的金色一面全部朝上。同时，翻动的次数是不限的，我们没有办法枚举所有翻动的可能性，因此也不能因为试了几次做不到而直接回答不行。

但我们可以考查上面的尝试过程中最终金色面朝上的数量，分别为：5，7，9，9，7，5，3。

有没有发现这些数的共同点？没错，都是奇数。这个发现很关键！

如果我们能证明不管怎么翻，最终金色朝上的硬币数量都是奇数，那就间接证明了最后金色一面不可能全部朝上（因为奇数不可能等于10）。

我们对此可以稍稍做一点儿抽象。

初始状态：金色和银色面朝上的硬币各有 5 枚。

最终状态：金色面朝上的硬币 10 枚。

也就是说，经过若干次翻动，要从初始的 5 枚硬币金色面朝上，变成 10 枚硬币金色面朝上。

每次翻动两枚硬币，翻动前、翻动后的朝向，以及导致金色一面朝上的硬币数量变化情况如下表所示。

翻动前	翻动后	金色朝上的硬币数量变化
金金	银银	− 2
金银	银金	不变
银银	金金	+ 2

因此，不管翻哪两枚硬币，金色朝上的硬币数量要么不变，要么 + 2，要么 − 2。这表明经过一次翻动后，金色面朝上的数量的奇偶性是不变的。而初始 5 枚金色面朝上为奇数，终止时 10 枚金色面朝上为偶数，因此题中所说的情况是不可能实现的。

到这里，这道题就结束了。但有心的小朋友可能会发现，有个条件没有用到，那就是根本没有用到"相邻"这个限制。既然没有"相邻"这个约束都不行，那么加了这个约束就更不行了。

变化一

那是不是"相邻"这个条件无用呢？

我首先问了小朋友们一个问题：能不能尝试改一下题目，使答案是肯定的？

　　小朋友们给的第一个改动：把每次翻2枚改成每次翻3枚，并且去掉"相邻"这个条件的约束。题目就变成：

　　如果每次翻转任意3枚硬币，是否有可能让这些硬币的金色一面全都朝上？

　　答案是肯定的。我们很容易就能构造出一种翻动方法（见下图，翻动方案不唯一），其中矩形框标出了每次翻动哪3枚硬币。

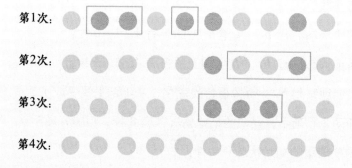

变化二

　　如果再把"相邻"这一约束条件加上，题目就变成：

　　如果每次翻转任意相邻的3枚硬币，是否有可能让这些硬币的金色一面全都朝上？

一开始，小朋友们认为是可以的。但是经过一段时间的尝试后，他们便放弃了，觉得不可能。如何证明这一点？仅仅依靠初始状态和最终状态的奇偶性已经不能充分证明。因为开始为 5，最后为 10。而翻动 3 枚硬币，比如将"银银金"翻动至"金金银"，可以让金色朝上多 1，就可以变成偶数。所以，必须从其他角度来思考，特别是怎么把"相邻"的约束加进去。为此，不妨把硬币按下述方法编个号。

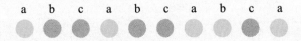

　　在这一编号下，翻动 3 枚相邻的硬币，不管怎么翻，都是翻动了 a，b，c 各一枚。

　　初始状态：a，b，c 金色朝上的各有 4，1，0 枚；

　　终止状态：a，b，c 金色朝上的各有 4，3，3 枚；

　　我们观察到 b，c 奇偶组合的变化，从 1 奇 1 偶变成了 2 奇。

　　翻动 3 枚硬币，朝向的初始情况共有 8 种。但抛开硬币 a，剩下的 b，c 两枚硬币的初始状态有 4 种：

b，c 翻动前	b，c 翻动后	b，c 各自金色朝上的硬币数量变化
金金	银银	− 1，− 1
金银	银金	− 1，+ 1
银金	金银	+ 1，− 1
银银	金金	+ 1，+ 1

b，c 位置金色面朝上的数量初始为 1 奇 1 偶，但不管初始状态如何，一次翻动后，b，c 位金色面朝上的数量的奇偶性互换。因此，无论经过多少次翻动，b，c 位金色面朝上的数量的奇偶性肯定是 1 奇 1 偶或 1 偶 1 奇，不可能变成 2 奇。

所以，简单地把原题中每次翻动的硬币数量改成 3 枚，答案也是否定的。

变化三

除了改动每次翻动的硬币数量外，还可以修改初始金色面朝上的硬币数量和位置，比如初始状态如下：

如果每次翻转任意相邻的 2 枚硬币，是否有可能让这些硬币的金色一面全都朝上？

这个问题就留给有兴趣的读者思考吧。

综合案例二：

中国剩余定理

　　这一节，我就以中国剩余定理为例，谈谈在没有考试压力的前提下如何提升解题能力，特别是如何形成解题的闭环，以达到做一题超十题的效果。

问题

中国古代数学名著《孙子算经》中有这么一道题：

今有物不知其数，三三数之剩二，五五数之剩三，七七数之剩二，问物几何？

——《孙子算经》

后来，有人将其改编成韩信点兵的问题：

有一次战斗后，韩信要清点士兵的人数。让士兵三人一组，就有两人无法编组；五人一组，就有三人无法编组；七人一组，就有两人无法编组。请问一共有多少士兵？

这个"物不知其数"问题，翻译成最直白的数学语言如下：

有一个自然数，除以 3 余 2，除以 5 余 3，除以 7 余 2，问这个自然数是几？

从最笨的办法开始

怎么解这个题？我们不妨从最笨的办法——枚举法——开始。

有些人无论做什么题，自始至终都抱着枚举法不放，也有些人却从一开始就鄙视枚举法。其实，这两者都不可取。

对于什么都用枚举法的人，我想说："枚举可以成为解题的开始，但不应该成为解题的终点。"

对于一贯鄙视枚举法的人，我想说："枚举并非低人一等，枚举也许会带来某种发现。"

枚举法一

我们可以先满足其中一个条件（如第一个条件），再逐一检测这些数是否满足后面两个条件。除以 3 余 2 的数有 2，5，8，11，14，17，20，23，26……逐一检查这些数，发现 23 可以同时满足后面的两个条件。

但是，这需要检测 8 次才行。能不能减少枚举的次数？这是我们在枚举过程中要反复问自己的问题。

枚举法二

在这个问题中，我们可以从满足除数最大的条件开始，即首先考虑满足"除以 7 余 2"的自然数。满足这个条件的自然数有 2，9，16，23……从而只要检测 4 次就可以找到一个满足所有条件的解，这样大大减少了枚举的次数。

枚举法三

能不能让枚举的次数更少？这个问题始终高悬在头顶。一次只满足一个条件不行，那能不能一次满足更多的条件呢？

仔细观察一下，我们可以发现，除以 3 和除以 7 的余数相同，都是 2。也就是说，如果这个数减去 2，那应该是 3 和 7 的倍数。所以 21 + 2 = 23 可以同时满足条件 1 和条件 3。我们再检查是否满足条件 2 即可。恰好，23 也满足条件 2。

但是，如果不是恰好呢？如果 23 不能满足条件 2，我们下一个需要考虑的数是哪个呢？这个数应该也满足条件 1 和条件 3，也就是 3 和 7 的倍数加 2，下一个数是 21 × 2 + 2 = 44。

是不是唯一解

23 是不是唯一的解？

这是严谨的人必须考虑的问题。23 应该是满足条件的最小自然数解，但显然不是唯一解。其他的解肯定比 23 大，那和 23 有什么关系呢？

我们可以假设"$23 + m$"也是一个解，那么应该满足：这个数除以 3 余 2。由于 23 除以 3 余 2，因此 m 是 3 的倍数。同理，根据条件 2 和条件 3，m 是 5 和 7 的倍数。因此，m 是 3，5，7 的公倍数。因此，所有的解可以表示成 $23 + 105k$（$k = 0$，1，2，…）的形式。

验算

做任何类型的题，验算必不可少。很多人本来能做对的题最后丢分了，原因就是没有好好验算。

验算本身就是一门学问，不是简单地重新算一次。关于验算的原则和方法，前文已有详细论述。就这个问题而言，验算方法比较简单，用代入验算就可以了。$(23 + 105k)$ 除以 3，5，7 的余数确实是 2，3，2。

方法可扩展吗

验算好了，是不是这个问题就解完了呢？是，也不是。

说"是"，因为我们已经找到了通解，如果在考场上，那就完结了。说"不是"，因为我们目前用的还是枚举法。枚举可以作为解决问题的出发点，但不可以成为问题探索的终点。

如果不是在考场上，那我们还需要进一步探索更通用或更有效的解法。试想一下，如果不是 3 个条件，而是有 10 个条件（即有 10 个除数），那枚举法会怎样？

所以，灵魂拷问来了：所采用的方法扩展性好不好？

在寻求通用的方法之前，我们不妨看几个特例问题。

特例一

存在一个数 x（大于 10），除以 3 余 2，除以 5 余 2，除以 7 余 2，求这个数。

观察一下，这个问题特殊的地方在于余数都相同。

因此，如果这个数减去 2，那么就是 3、5 和 7 的倍数，即为 3，5，7 的公倍数。解可以表示为：$105k + 2$（$k = 1$，2，…），满足要求的最小自然数为 107。

特例二

存在一个数 x（大于 10），除以 3 余 2，除以 5 余 4，除以 7 余 6，求这个数。

这个问题特殊在哪里呢？除以每个数的余数并不一样。

但仔细观察后，我们会发现，除数和余数的差是固定的。也就是如果这个数再加上 1，那么就能被 3，5，7 整除。

因此，解可以表示为：$105k - 1$（$k = 1$，2，3，…），满足要求的最小自然数为 104。

类似地，如果题目变成"除以 3 余 1，除以 5 余 3，除以 7 余 5"，也可以一样处理。

特例三

存在一个数 x （大于 10），除以 3 余 2，除以 5 余 3，除以 7 余 1，求这个数。

这个问题比刚才的更有迷惑性，因为既不是余数相同，也不是除数减余数的差相同。那是不是就没有什么特别的地方呢？

稍微观察一下就能看出，8 能同时满足这三个条件。但 8 比 10 小，因此，解应该是：$105k + 8$（$k = 1$，2，…），满足要求的最小自然数为 113。

一般解法

根据刚才的讨论，我们知道：（$a + b$）除以 p 的余数，等于 a 除以 p 的余数加上 b 除以 p 的余数的和再除以 p 的余数。比如，（$23 + 8$）除以 3 的余数，等于 23 除以 3 的余数 2 加上 8 除以 3 的余数 2，也就是 4，再除以 3 的余数，结果为 1。

如果 b 本身是 p 的倍数，那么 $a + b \equiv a \pmod{p}$ [①]。

因此，我们可以构造一组数，它们分别只满足其中一个条件，但它们是另外所有除数的公倍数。

针对《孙子算经》中的"物不知其数"问题，我们可以构造出如下 3 个数。

---

① 这里"$\equiv$"表示左边和右边除以 p 的余数相同，数学术语叫（$a + b$）和 a 关于模 p 同余。

x_1：满足除以 3 余 2，除以 5 余 0，除以 7 余 0；

x_2：满足除以 3 余 0，除以 5 余 3，除以 7 余 0；

x_3：满足除以 3 余 0，除以 5 余 0，除以 7 余 2。

可以用下面的表格来直观地表示。

	x_1	x_2	x_3
除以 3 的余数	2	0	0
除以 5 的余数	0	3	0
除以 7 的余数	0	0	2

下面考虑 $x = x_1 + x_2 + x_3$，由于 x_2、x_3 都是 3 的倍数，因此 x 除以 3 的余数就是 x_1 除以 3 的余数，为 2；同理，x 除以 5 和 7 的余数分别是 3 和 2。

因此，x 就是能满足所有 3 个条件的自然数。

我们考虑 x_1，因为它除以 5 和 7 的余数都是 0，因此是 35（$5 \times 7 = 35$）的倍数，我们不妨设其为 $35k$。要满足 $35k \equiv 2 \pmod 3$，k 最小为 1，此时 $x_1 = 35$。

再考虑 x_2，它是 21（$3 \times 7 = 21$）的倍数，我们可以设其为 $21k$。要满足 $21k \equiv 3 \pmod 5$，k 最小为 3，此时 $x_2 = 63$。

最后考虑 x_3，它是 15（$3 \times 5 = 15$）的倍数，我们可以设为 $15k$。要满足 $15k \equiv 2 \pmod 7$，k 最小为 2，此时 $x_3 = 30$。

此时，$x = 35 + 63 + 30 = 128$ 是满足所有条件的一个解。验算发现，确实如此。

根据之前关于唯一解的讨论，我们知道，128 − 105 = 23 是满足要求的最小自然数解。

通解形式即为：$23 + 105k$（$k = 0$，1，2，$\cdots$）。

那这个方法的可扩展性如何呢？

如果有 n 个除数，那我们的任务是需要构造出 n 个这样的 x_i（$i = 1$，2，$\cdots$，n），然后相加即可。问题的关键便在于如何构造每个 x_i。

根据上面的例子可知，对于每个 x_i，首先求出除了 p 之外的其余 $(n - 1)$ 个除数的最小公倍数 M，然后逐一检查 Mk（$k = 1$，2，$\cdots$）是否满足除以 p 的余数条件。这个过程可能需要一定数量的枚举。例如为了求得满足 $21k \equiv 3 \pmod 5$ 的 k，我们就需要尝试 3 次，$k = 1$，2，3。那最多需要尝试多少次呢？次数肯定不超过 p 次。

对于上面这个子问题，也可以进一步做简化和标准化。

简化：$35k = (3 \times 11 + 2) k = 33k + 2k$，因此，它除以 3 的余数就是 35 除以 3 的余数与 k 的乘积再除以 3 的余数，这里就是 $2k$ 除以 3 的余数，当 $k = 1$ 时满足 $35k \equiv 2 \pmod 3$。

标准化：为了求出满足要求的 x_1，我们可以先求出满足下面要求的 y_1。

y_1：除以 3 余 1，除以 5 余 0，除以 7 余 0。

从而 $x_1 = 2y_1$ 一定满足原来的条件。

显然，y_1 是 35 的倍数，可以写成 $35k$。满足除以 3 余 1，也就是 $35k \equiv 1 \pmod 3$。

根据刚才的讨论，$35k$ 除以 3 的余数可以简化为：$35k \equiv 2k \equiv 1 \pmod 3$。

$k = 2$ 是满足要求的最小值。

因此，$y_1 = 70$，$x_1 = 140$。

一般化地，对于某个除数的条件"除以 p 余 r"，我们可以先求出一个数满足"除以 p 余 1"，然后再将这个数乘以 r 就满足原始的条件了。

同理可得：

y_2：满足除以 3 余 0，除以 5 余 1，除以 7 余 0。

$x_2 = 3y_2$ 满足原来的要求。

设 $y_2 = 21k$，则有：$21k \equiv k \equiv 1 \pmod 5$。

因此 $k = 1$，$x_2 = 3 \times 21 = 63$。

y_3：满足除以 3 余 0，除以 5 余 0，除以 7 余 2。

$x_2 = 2y_3$ 满足原来的要求。

设 $y_3 = 15k$，则有：$15k \equiv k \equiv 1 \pmod 7$。

因此，$k = 1$，$x_3 = 2 \times 15 = 30$。

最后，$x = 140 + 63 + 30 = 233$，最小的自然数解为 $233 - 105 \times 2 = 23$。

本质上，这种做法和前面的无异，只是可以更方便地用逆元的形式表达出来。

明朝的数学家程大位在《算法统宗》中有一首诗歌口诀，可以帮助大家记住"物不知其数"问题的解法，具体如下。

- 三人同行七十稀：将除以 3 的余数乘以 70。
- 五树梅花廿一枝：将除以 5 的余数乘以 21。

● 七子团圆正半月：将除以 7 的余数乘以 15（半个月）。

● 除百零五便得知：将以上三个数字相加，加得的和如果大于 105，便要减去 105，或者减去 105 的倍数。这样得出的差就是题中所求的最小的未知数。

运用这一歌诀来解答"物不知其数"问题，便是：

$2 \times 70 + 3 \times 21 + 2 \times 15 = 140 + 63 + 30 = 233$

$233 - 105 - 105 = 23$

那么，这个口诀是否能扩展到所有问题呢？

这个还真不好办。例如，为了求得 70 这个数，不仅要将除 3 之外的除数相乘得 $5 \times 7 = 35$，还需要乘以 2，即满足 $2k \equiv 1 \pmod 3$ 的 k 才行。

所给的问题一定存在解吗

为什么在"物不知其数"问题里，除数都是质数呢？如果是你来出题，除数和余数能不能随便给呢？这就涉及最终的问题：所给的问题是不是一定存在解？如果能思考到这一步，那这个问题一定过关了。

比如，下面这道题这样出行不行？

一个数，除以 5 余 3，除以 7 余 2，除以 10 余 4，求这个数。

你会发现，这个问题本身出错了，为什么？除以 10 余 4，那么除以 5 当然也余 4，题目中的两个条件自相矛盾了，因此无解。

可见这种题目不是随便出的，选择的除数都是质数是有道理的。

如果除数是一组不相同的质数，出题时余数就可以随便给吗？这样出的题是不是一定存在解？这也是一个很好的开放性问题。

大胆猜测，小心求证

如果除数是一组不同的质数 p_1，p_2，$\cdots$，p_n，那么按照之前的做法，只要我们能构造出对应的 x_1，x_2，$\cdots$，x_n 就表明问题存在解。

我们不妨以 x_1 为例，设 $M = p_2 \times p_3 \times \cdots \times p_n$，我们的目的是找出 k，使得：

$Mk \equiv r \pmod{p_1}$

问题是，对于任意的 $r < p_1$，这样的 k 一定都存在吗？

对这样的开放性问题，首先我们要给出一个肯定或否定的答案，然后再去证明。

怎么给出答案？一般都是通过先观察一些特殊的例子，总结规律，然后推而广之，得出一般性结论。

以"物不知其数"问题为例：

考虑 $35k$ 除以 3 的余数，当 $k = 1$，2，3 时，余数分别是 2，1，0；

考虑 $21k$ 除以 5 的余数，当 $k = 1$，2，3，4，5 时，余数分别是 1，2，3，4，0；

考虑 $15k$ 除以 7 的余数，当 $k = 1$，2，3，4，5，6，7 时，余数分别是 1，2，3，4，5，6，0。

由此，我们可以大胆猜测：当 $k = 1$，2，3，$\cdots$，p_1 时，Mk 除以 p_1 的余数都不相同。如果能够证明这个结论，那么无论余数是多少，始终都存在解。

直接证明都不相同比较困难，我们可以用反证法。

考虑 M，$2M$，$3M$，$\cdots$，$p_1 M$，这 p_1 个数除以 p_1 的余数。假如存在两个数 gM 和 hM 除以 p_1 的余数相同，且 $g > h$，那么有：

$$(g - h) M \equiv 0 \pmod{p_1}$$

由于 M 和 p_1 互质，因此 $(g - h)$ 能被 p_1 整除，而 $0 < g - h < p_1$，不可能！

由此，我们知道，M，$2M$，$3M$，$\cdots$，$p_1 M$ 除以 p_1 的余数各不相同。因此，只要除数都是质数，那么出题时余数就可以闭着眼睛写，题目肯定会存在解。

事实上，通过上面的证明过程可知，这一条件可以适当放宽，只要这一组除数中的任意两个数都互质就可以。否则，出题时就得小心了。类似于"一个数，除以 5 余 3，除以 7 余 2，除以 10 余 4，求这个数"这样的问题就不存在解。

当然，除数相互之间不互质，也有可能存在解。比如下面这道题。

一个数，除以 7 余 3，除以 10 余 7，除以 12 余 5，求这个数。

在这道题中，17 就是满足所有条件的一个解。

当然，是否存在解的问题已经超出了小学阶段的知识范畴。对他们来说，能提出这样的问题，就已经赢了。

总结

到此，我们完成了解决一个数学问题的闭环。

需要用多久？显然不是几分钟能完成的，短则半小时，多则可能几小时。但这些时间花得有价值。最后，我们回顾一下在解这个题的过程中都经历了什么。

---

1. 从最笨的枚举法开始；

2. 寻求更高效的枚举方法；

3. 讨论解是否唯一；

4. 用代入法进行验算；

5. 解决一些特例问题并进行总结；

6. 提出一般性的解法；

7. 探讨解法的可扩展性；

8. 探讨解存在的可能性；

9. 大胆猜测结论，并严格证明；

10. 成功转换角色，成为一名出题人。

你看我刷题了吗？没有。我做题了吗？做了，表面上只做了一道题，其实做了不少，这些题都是在解一道题的过程中衍生出来的。

我反对刷海量的题，但不反对做题。所以，你看到两者的区别了吗？试问，如果能这样去解题，你还担心解题能力得不到提高吗？

综合案例三：

一道求面积题

提起数学学习，很多机构和家长一致提倡刷题。我不建议刷题，但适量的练习是必不可少的。怎样才算适量的练习，这是一门学问。

有个家长跟我提到，孩子看到题，瞬间给出答案，原因在于之前见过同样的题。但将问题稍做变化后，孩子就傻眼了。这是典型的只学招式，不修"内功"。

我们经常会用"走得太快，灵魂都跟不上了"来自嘲现在过快的生活节奏。我把这句话稍微改一下，也适用当下很多学生的刷题现状：题刷得太快，思维都跟不上了。

题是做不完的，这里我以一道面积题为例，聊一聊如何把有限的时间投入到无限的题中，怎样才能让解题练习更有效果。

如下页图所示，求长方形的面积。

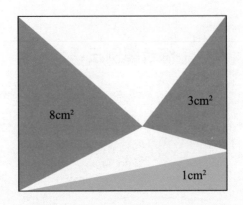

识别问题

解题要点一：识别问题，确定问题所属的分类，进而可以有的放矢。

上面的这个问题显然属于平面几何的面积问题。在求面积问题的"武器库"里，割补、平移、旋转、容斥、比例这些"武器"都可以派上用场。

不过，这个问题乍一看很简单，很多读者也是这么认为的。我做了个调查，大家的投票结果是这样的：80%的人认为小学生就可以求解。这说明大家虽然识别出了问题大类，但很多人直接连接了错误的套路。实际上，这里面包含较为复杂的比例问题，要建立的方程是一个二次方程。

题目适合哪个年级（单选）

小学低年级

30票　12%

小学中年级

63票　26%

小学高年级

94票　39%

初中

37票　15%

高中

13票　5%

错在哪里

解题要点二：分析错误解答。

相对于直接寻求正确答案，我更喜欢分析错误答案背后的思路，搞清楚为什么错。没有无缘无故的成功，也没有无缘无故的失败。成功一定是建立在对失败的经验总结之上的。

关于该问题，大家给出了许多不同的答案。下面我先给出一些典型的错误答案。

错误答案一：22

答 22 的理由很简单，就是利用三角形面积是对应长方形面积的一半。所以 8cm^2 是左边的长方形面积的一半，但 3cm^2 不是右边长方形面积的一半。22cm^2 实际上并没有包含右下角的小长方形面积。

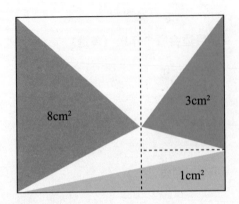

那什么情况下 22 是正确答案呢？图改成下面这样就是 22 了，很多人答 22 也就是因为联想到了这个套路。

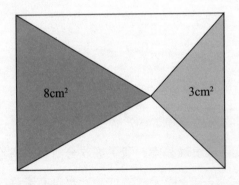

解题要点三：通过修改题目，举一反三。如果做题时有了出题人的思维方式，那就无往不胜了。

错误答案二：24

答 24 的理由和答 22 的理由差不多，也是基于三角形的面积是长方形的一半。但如下页图所示，左上角这个长方形的面积显然小于 16，因此总面积小于 24（16 + 6 + 2 = 24）才对。

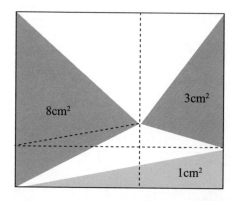

　　那什么情况下长方形的面积是 24 呢？改成下面这两个图形，答案就是 24 了。

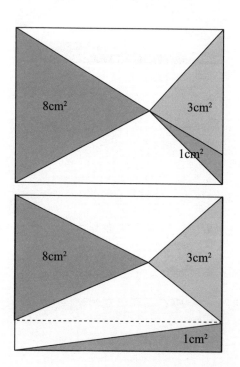

错误答案三：23

既然 22 和 24 都不对，有人就做出了调整，把答案改成了 23。

如果是 23，那么右下角的小长方形面积应该是 1，也就是说 △PGQ 和 △BFQ 的面积要相等，从而 BF = FC。这个图看上去显然不是那么回事。

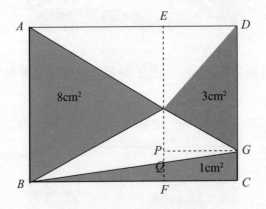

什么情况下答案是 23 呢？请大家自行思考。

错误答案四：$(8 + 3 + \dfrac{3}{11}) \times 2$

这个答案其实已经在往正确的道路上迈出了一步，它的思路如下：

$BF : FC$ 等于 △ABP 与 △DEP 的面积之比，从而 △BFE 和 △EFC 的面积之比是 8 : 3，因此 △EFC 的面积为 $\dfrac{3}{11}$。整个长方形的面积是 △ABP、△DEP、△EFC 面积之和的两倍。

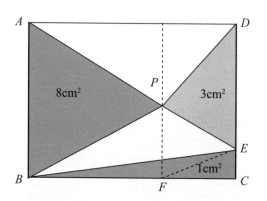

但这个思路第一步就错了，因为△ *ABP* 和△ *DEP* 不是等底的三角形，高之比不等于面积之比。根据比例关系，应该有 *BF*：*FC* < 8：3 才对。

一题多解

分析完典型错误，是时候寻求正确答案了。很多人学过一些解题套路，看到问题就给出答案，然后到此为止。为什么不思考一下有没有其他的方法呢？

解题要点四：不满足于一种解法。一题多解能有效提升解题效果。

正确解法一

如果用符号变量来表示各边的长度，建立变量之间的方程关系，那最后可以通过方程求解面积。这个思路是学过代数的人很容易想到的。

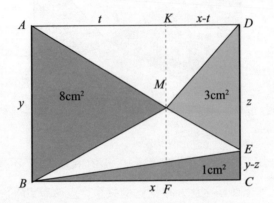

设 $AD = BC = x$，$AB = CD = y$，$DE = z$，$AK = t$，

则有：

$$\begin{cases} yt = 16 \\ z\,(x - t) = 6 \\ x\,(y - z) = 2 \end{cases}$$

即：

$$\begin{cases} xyzt = 16xz \\ xz - zt = 6 \\ xy - xz = 2 \end{cases}$$

所求面积 $s = xy$，令 $zt = a$，$xz = b$，则有：

$$\begin{cases} sa = 16b \\ b - a = 6 \\ s - b = 2 \end{cases}$$

消元得：$s^2 - 24s + 32 = 0$

解得：$s = 12 + 4\sqrt{7}$

不过，这种解法需要比较高超的方程变换技巧以及整体思维，对学生的要求比较高。

正确解法二

前面错误的做法里多次出现了对图形进行水平和垂直的分割，将整个长方形分成若干个小长方形的做法。按照这一思路，我们可以把图形进行如下分割，得到下面的解法。

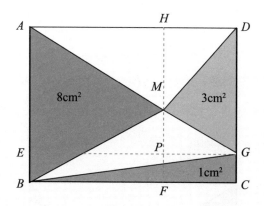

如图，过 G 点和 M 点分别做平行于长方形长和宽的平行线。

设 $S_{PFCG} = x$，则有：

$S_{EBFP} = 2 - x$

$S_{AEPH} = 16 - (2 - x) = 14 + x$

$S_{HPGD} = 6$

由于：$\dfrac{S_{AEPH}}{S_{HPGD}} = \dfrac{S_{EBFP}}{S_{PFCG}}$

得到：$\dfrac{14+x}{6} = \dfrac{2-x}{x}$

解方程得：$x = 4\sqrt{7} - 10$

因此总面积 $= 2 + 6 + 14 + x = 12 + 4\sqrt{7}$

上面这种做法只用了一个未知数，巧妙地运用了三角形和长方形的关系，以及比例关系，建立了一个只含有未知数 x 的方程，算得上一种巧妙的解法。

正确解法三

前面第四种错误的做法里，错在 $BF : FC = 8 : 3$，实际上，这个比例我们暂时不知道，不妨设 $BF : FC = x : 1$，我们发现可以把其他很多未知量通过这个比例表示出来。根据这一思路，我们可以得到下面的解法。

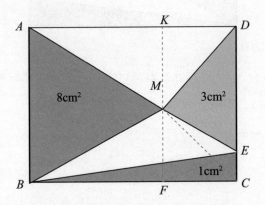

设 $BF : FC = x : 1$，则有：

$$S_{\triangle EFC} = \frac{1}{x+1}$$

$$\frac{S_{\triangle ABM}}{S_{\triangle CDM}} = x$$

$$x = \frac{S_{\triangle ABM}}{S_{\triangle EDM} + S_{\triangle CEM}} = \frac{S_{\triangle ABM}}{S_{\triangle EDM} + S_{\triangle CEF}} = \frac{8}{3 + \frac{1}{x+1}}$$

解得：$x = \dfrac{2 + 2\sqrt{7}}{3}$

因此，$S_{ABCD} = \left(11 + \dfrac{1}{x+1}\right) \times 2 = 12 + 4\sqrt{7}$

这一做法实际上是在纠正之前第四种错误思路的基础上得来的。另一种方法是设 $\triangle EFC$ 的面积为 x，从而 $\triangle BFE$ 的面积为 $(1-x)$，得到 $BF : FC = (1-x) : x$。这两种做法本质上是一样的。

解题要点五：善于对比分析各类解法，理解各类方法的共性与不同、优点与局限。

最后再说一点，切忌做许多重复的题，也不要一下就做远超自己能力范围的题。

解题要点六：不在同一水平上重复，要做自己踮踮脚能够得着的题，循序渐进。

总结

总结一下，做数学练习既不是简单重复，也不是给出正确答案就了事。做题是识别问题、分析错误、总结经验教训、给出多种解决办法并分析各类方法优缺点的过程。只有这样做题，才能起到做一题当十题的作用。